零基础编程通关秘籍系列丛书

零基础学 MySQL 数据库管理

林富荣　编著

電子工業出版社
Publishing House of Electronics Industry
北京 · BEIJING

内 容 简 介

本书是一本全面介绍数据库管理的书籍。基础介绍篇介绍了数据库、SQL、MySQL以及数据类型等概念，并介绍了MySQL的安装和查询；实践入门篇详细介绍了数据库的创建、查询、插入、修改和删除等语句的使用方法；中高级篇深入介绍了MySQL关键字、运算操作、日期函数、视图、操作符等，同时介绍了如何对数据库文件进行备份和恢复；应用实战篇以核酸数据库系统为例，介绍业务流程、系统流程、分布式系统、Redis、核酸数据库系统的设计与实现、搜索引擎，以及使用PHP程序调用数据库等内容。

本书内容新颖、图文并茂、实例丰富、通俗易懂，可供互联网开发人员、数据库运营人员以及培训机构等相关人员阅读，亦可作为初学者的入门教材。

图书在版编目（CIP）数据

零基础学MySQL数据库管理 / 林富荣编著 . —北京：电子工业出版社，2023.9
（零基础编程通关秘籍系列丛书）
ISBN 978-7-121-46346-4

Ⅰ. ①零⋯ Ⅱ. ①林⋯ Ⅲ. ① SQL语言－数据库管理系统 Ⅳ. ① TP311.132.3

中国国家版本馆CIP数据核字（2023）第176486号

责任编辑：张　楠
文字编辑：白雪纯
印　　刷：涿州市京南印刷厂
装　　订：涿州市京南印刷厂
出版发行：电子工业出版社
　　　　　北京市海淀区万寿路173信箱　　邮编：100036
开　　本：720×1000　1/16　印张：12.5　字数：240千字
版　　次：2023年9月第1版
印　　次：2023年9月第1次印刷
定　　价：59.00元

凡所购买电子工业出版社图书有缺损问题，请向购买书店调换。若书店售缺，请与本社发行部联系，联系及邮购电话：（010）88254888，88258888。

质量投诉请发邮件至zlts@phei.com.cn，盗版侵权举报请发邮件至dbqq@phei.com.cn。
本书咨询联系方式：（010）88254590。

前言

我们每天都在使用数据库，普通用户对数据库及其使用方式可能并不了解。即使用过数据库，用户也可能没有意识到自己正在使用它。

随着互联网行业的快速发展，数字应用场景不断丰富。例如，在人们进行核酸检测时，由于数据访问量庞大，系统可能会崩溃。这是因为底层的数据库没有进行合理的分表和分库设计，当用户集中访问某个数据表时，数据库便会崩溃。

那么，什么是数据表，什么是数据库呢？在数字化时代的背景下，数据库在人工智能、大数据等多个行业中发挥着至关重要的作用。本书以通俗易懂的语言，介绍了数据库管理的基础知识和实际操作，深入剖析了数据库的概念、SQL、MySQL 等内容，并提供了丰富的实例，帮助读者更好地理解和应用数据库管理技术。

与传统的枯燥理论相比，本书以实践为导向，将数据库管理与实际场景相结合，深入介绍了数据库的创建、查询、插入、修改和删除等操作语句，并介绍了数据库的高级功能，如运算操作、日期函数、视图和操作符等。此外，本书通过案例展示了核酸数据库系统的设计与实现，这些案例不仅能帮助读者理解数据库管理的重要性，还能激发读者的创造力和解决问题的能力。

笔者深信，通过阅读本书，读者将获得全面而深入的数据库管理知识，并能将这些知识应用于实际工作中。衷心希望本书能够成为读者学习和提升数据库管理技术的有力伴侣。

由于笔者的知识水平有限，书中难免会存在一些错误，敬请读者批评指正。

林富荣

目录

基础介绍篇

第1章 基础概述

本章要点

- 了解数据库的基本知识。
- 了解常见的数据库。
- 了解 SQL。
- 了解 MySQL。
- 了解 MySQL 的数据类型。

1.1 数据库

1. 什么是数据库

数据库（Database，DB）是指长期存储在计算机内的、有组织的、可共享的大量数据的集合。数据库是互联网技术的重要组成部分之一，有了数据库才能存储大量的数据，才能支撑人工智能、金融、数字货币、电商、数据分析等行业的快速发展。

目前，随着互联网的迅速发展，中国正处于信息化时代，这离不开数据存储技术和数据处理技术。数据库能存储、处理和分析数据，是信息化和信息管理数字化的必然产物。

2. 创建数据库的原因

创建数据库是为了将零散的数据全部存储至数据库中。数据库能存储海量的数据。为了使数据库中的数据更有价值，可通过程序进一步加工和处理数据，从而读取、调用有用的信息，并将有用的信息展示为网页或数据报表。

例如，某班级共有 5 名学生，当期末考试结束后，这 5 名学生的成绩被公布：学生 A 考了 99 分，学生 B 考了 90 分，学生 C 考了 85 分，学生 D 考了 70 分，学生 E 考了 50 分。

若老师不将学生的成绩存储在数据库中，而是直接将试卷交还给学生，则一段时间后，老师很难记得每个学生的具体成绩，更无法准确地计算出全班的平均成绩和合格率。如果老师将学生的姓名、学号、成绩存储在数据库中，则可将学生的成绩转化为有价值的数据。老师甚至可对比学生第一次和第二次考试的成绩，总结学生进步或退步的情况。

3. 数据库的特点

（1）数据独立性高

数据独立性是指程序和数据之间相互独立、互不影响。提高数据独立性是设计数据库时最重要的目标之一。数据与程序之间相互独立，把数据从程序中分离出去，数据的存取由数据库负责，简化了程序的编写流程，更容易维护和修改程序。

（2）数据冗余少

数据冗余发生在数据库系统（Database System）中，是指一个数据字段在多个数据表中重复出现。规范的数据表结构可减少冗余产生，节省存储空间。例如，一个数据表存储了用户的姓名、学号、成绩，另一个数据表存储了用户的姓名、学号、爱好、星座。因为用户的学号是唯一的，所以两个数据表可通过关联学号调取数据，其中的一个数据表不用存储用户的姓名等重复数据，从而节省存储空间。

（3）数据共享

数据库中的数据是面向整体的，可被多个用户或程序共同使用，这样可大大减少数据冗余，节省存储空间，避免出现数据不相容的情况。

4. 常用的数据库

常用的数据库有 Excel、Access、MySQL、Oracle。下面分别介绍这些数据库。

- Excel：非计算机专业的人员通常会使用 Excel 存储数据。例如，财务人员通常使用 Excel 存储和整理财务报表。
- Access：小型企业经常使用 Access 进行数据存储与管理。Access 可简化存储和使用数据的操作，维护起来也比较简单。
- MySQL：计算机专业的人员通常会组合使用 SQL Server 和 MySQL 存储数据，大中型企业也经常使用 MySQL 进行数据存储与管理。除此之外，编程开发语言也可与 MySQL 组合使用，从而更好地管理数据。例如，组合使用 PHP 与 MySQL 管理数据。
- Oracle：计算机专业的人员和大中型企业会使用 Oracle 进行数据存储与管理。

5. 数据库的存储能力

数据库的种类不同，存储能力也不同。下面介绍常用数据库的存储能力。

（1）Excel

Excel 的版本不同，存储能力也不同。Excel 2003 最多只能存储 65536 条数据，Excel 2010 最多只能存储 1048576 条数据。当用户使用 Excel 存储最大限度的数据后，打开 Excel 需要花很长时间，甚至在打开 Excel 时，会直接闪退或死机。通俗地说，Excel 是存储几万条或几十万条数据的微型数据库。如图 1-1 所示，当用户使用 Excel 2010 存储数据时，最多能存储 1048576 条数据。

（2）Access

与 Excel 不同，Access 没有限制数据的储存数量，但限制了数据的存储空间。Access 一次最多能存储 2GB 的数据。当用户使用 Access 存储 2GB 的数据后，打开 Access 需要花很长时间。Access 可存储几百万条数据，是一种小型数据库。Access 的操作界面如图 1-2 所示。

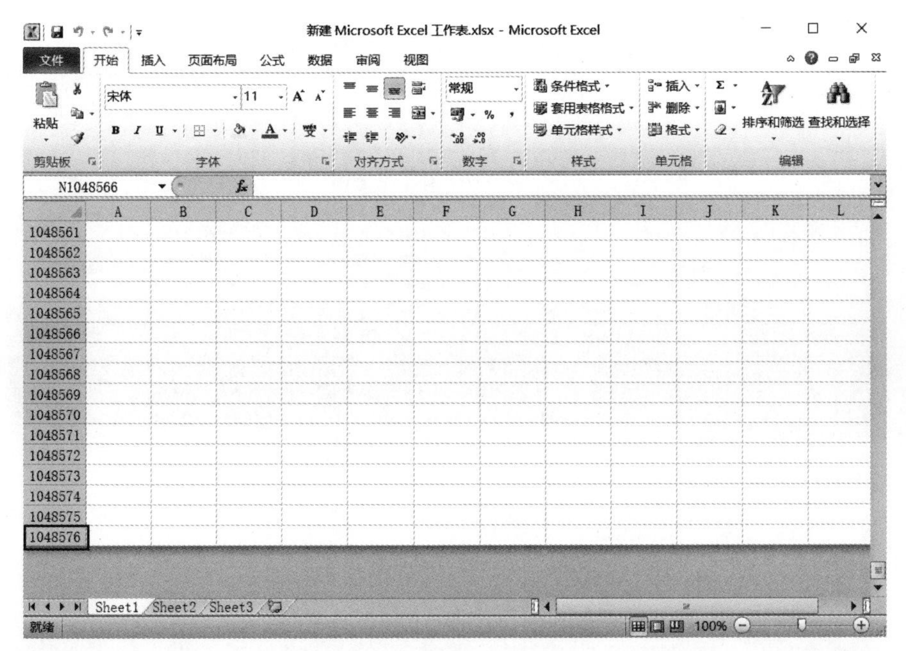

图 1-1

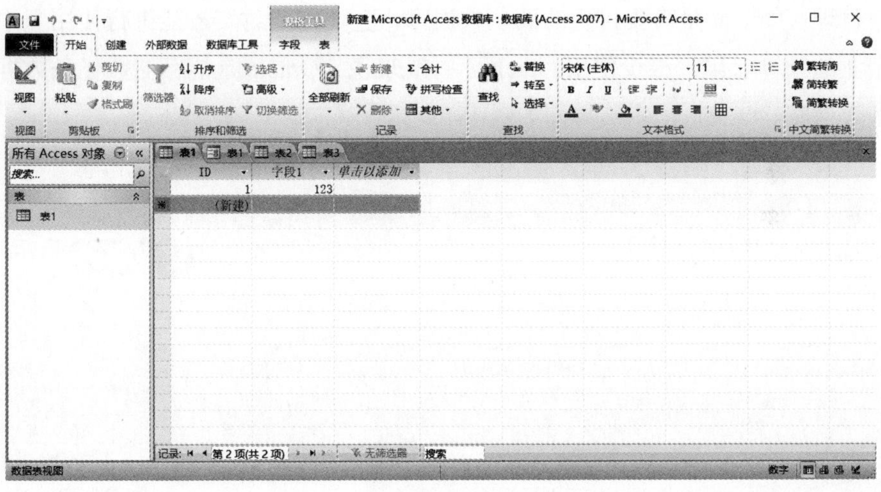

图 1-2

（3）MySQL

MySQL 大约能存储 21902400 条数据。在默认情况下，使用 MySQL 创建的 MyISAM 表最多可存储 4GB 的数据。一般来说，MySQL 是能存储几千万条数据的大中型数据库。图 1-3 展示了 phpMyAdmin 软件中 MySQL 的操作界面。

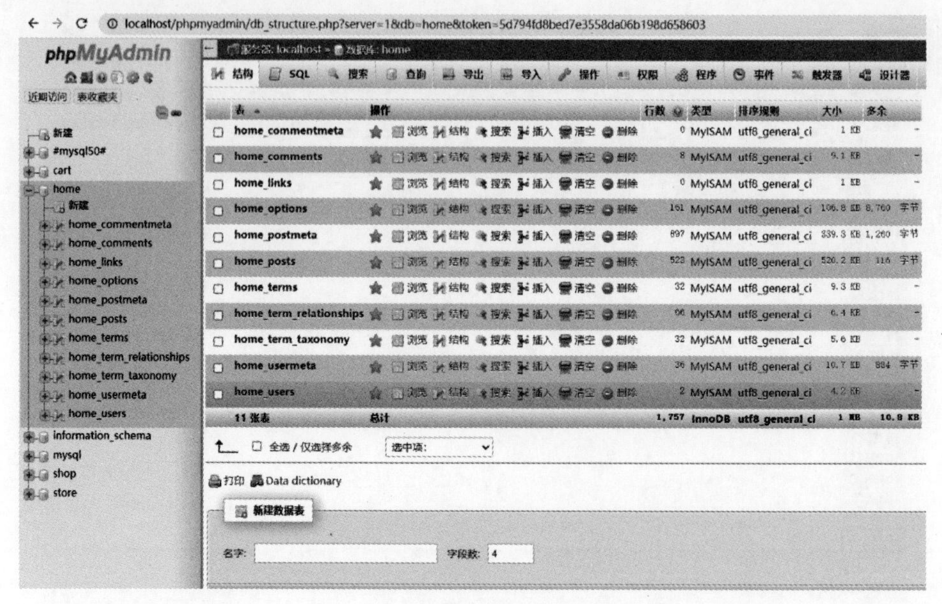

图 1-3

（4）Oracle

因为 Oracle 的数据存储空间大，很多大中型企业会使用 Oracle 进行数据存储与管理。Oracle 是需要付费的商业数据库，企业需要付费才能进行使用。中小型企业的预算有限，很少使用 Oracle。一般来说，Oracle 是能存储数亿条数据的大型数据库。Oracle 的安装界面如图 1-4 所示。

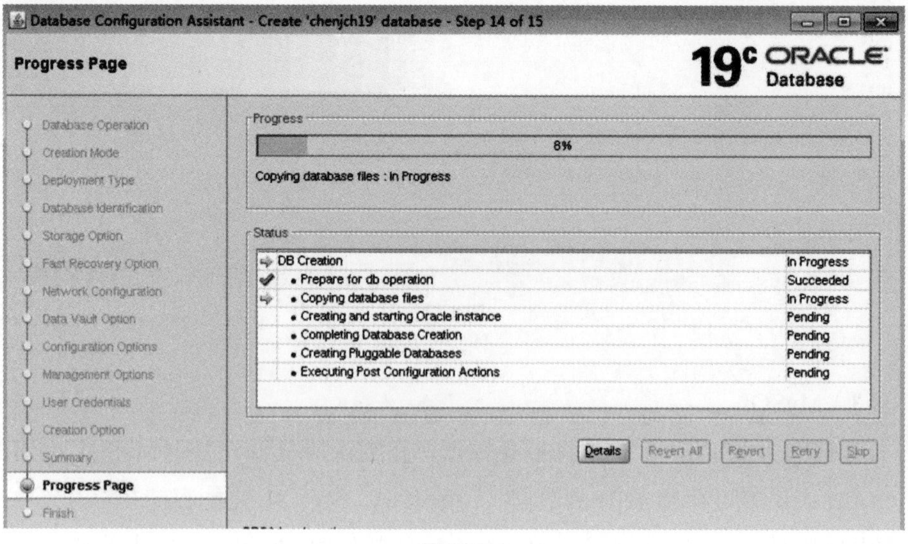

图 1-4

1.2 SQL

1. SQL 是什么

除了 Excel，Access、MySQL、Oracle 等数据库都需要有结构化查询语言（Structured Query Language，SQL）的知识基础。换言之，学会 SQL 可管理各种数据库。SQL 是一种数据库查询语言和程序设计语言，用于存储数据，以及查询、更新、管理关系型数据库。

1974 年，Boyce 和 Chamberlin 首次提出 SQL 的概念，并在 IBM 公司研制的关系型数据库系统 System R 上实现了 SQL。后来，SQL 被许多数据库软件公司所接受，逐渐成为数据库行业的标准编程语言。由于 SQL 具有功能丰富、使用方便、语言简洁易学等优点，深受用户的喜爱。

SQL 支持创建、查询、修改、插入、删除等操作。通过上述操作，用户可方便地维护数据库，并进行数据分析。

2. SQL 的组成

SQL 由如下语言组成。

- 数据查询语言（DQL）。
- 数据操作语言（DML）。
- 数据控制语言（DCL）。
- 数据定义语言（DDL）。
- 事务控制语言（TCL）。
- 指针控制语言（CCL）。

3. SQL 的语法规则

SQL 的语法规则如下。

- SQL 语句使用分号结尾。
- SQL 语句无须区分大小写。
- SQL 语句可占用一行或多行。如图 1-5 所示，这条 SQL 语句占用了两行。

```
1 SELECT * FROM
2 `home_users`;
```

图 1-5

- 关键字不能分隔、不能省略、不能跨行。如 SEL ECT、SEL 都是错误的，必须使用关键字 SELECT。
- 用空格分隔各个单词。如 SELECT*，没有使用空格分开 SELECT 和 *，这是错误的，必须使用 SELECT *。
- 字符常量需要使用引号,如'汉族'或'计算机'。数字常量不需要使用引号。

4. SQL 的常用关键字

如图 1-6 所示，SQL 常用的关键字可分为如下几类。

- 数据类关键字：SELECT、INSERT、UPDATE、DELETE、FILE。
- 结构类关键字：CREATE、ALTER、INDEX、DROP、CREATE TEMPORARY TABLES、SHOW VIEW、CREATE ROUTINE、ALTER ROUTINE、EXECUTE、CREATE VIEW、EVENT、TRIGGER。
- 管理类关键字：GRANT、SUPER、PROCESS、RELOAD、SHUTDOWN、SHOW DATABASES、LOCK TABLES、REFERENCES、REPLICATION CLIENT、REPLICATION SLAVE、CREATE USER。

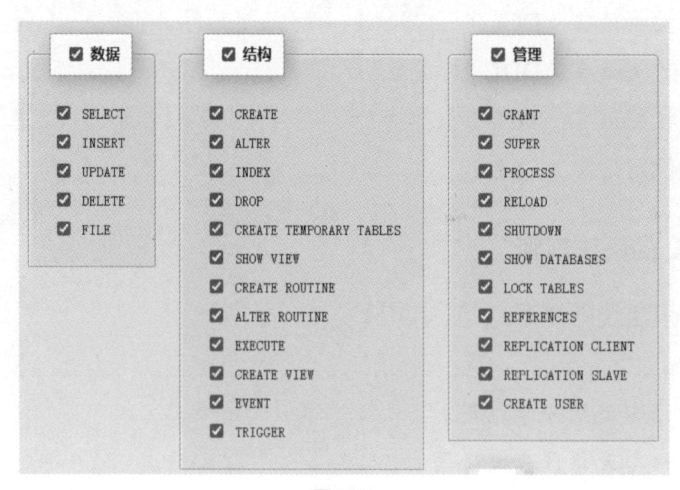

图 1-6

1.3 MySQL

MySQL 的图标如图 1-7 所示。

图 1-7

目前，MySQL 是较为流行的关系型数据库，一步步占领了商业数据库的市场，很多著名的游戏企业、互联网企业、电商企业、科技企业、金融企业都使用 MySQL 存储重要的数据。

MySQL 是开源的数据库，这意味着任何人都可在 MySQL 源代码的基础上“创造”自己的 MySQL，这是开源软件赋予用户的权利。也正是由于 MySQL 开源、能存储千万条数据的特性，很多企业都会选择 MySQL。

MySQL Command Line Client 是命令行工具，是 MySQL 提供的官方客户端。用户在安装并运行 MySQL Command Line Client 后，即可进入如图 1-8 所示的主界面。用户直接输入 SQL，即可对数据库进行操作。

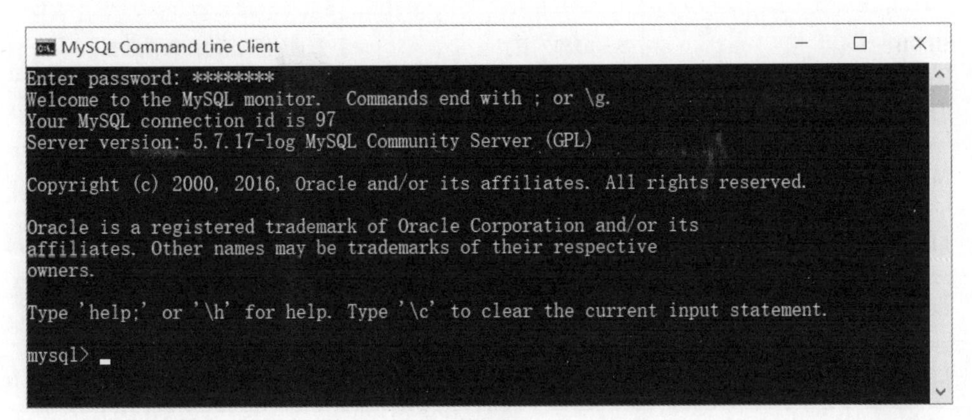

图 1-8

1.4 数据类型

数据库支持多种数据类型。本节以 MySQL 为例，介绍数据库的数据类型。MySQL 常用的数据类型大致可分为三种，分别是字符串类型、数值类型和日期时间类型。

- **字符串类型**：用于存储文本类数据。
- **数值类型**：用于存储数值类数据。
- **日期时间类型**：用于存储日期和时间数据。

字符串类型的存储空间和描述如表 1-1 所示。

表 1-1　字符串类型的存储空间和描述

类　型	存储空间	描　述
CHAR	0 ~ 255 字节	定长字符串
VARCHAR	0 ~ 65535 字节	变长字符串
TINYBLOB	0 ~ 255 字节	二进制形式的字符串
TINYTEXT	0 ~ 255 字节	短文本字符串
BLOB	0 ~ 65535 字节	二进制形式的长文本数据
TEXT	0 ~ 65535 字节	长文本数据
MEDIUMBLOB	0 ~ 16777215 字节	二进制形式的中等长度文本数据
MEDIUMTEXT	0 ~ 16777215 字节	中等长度文本数据
LONGBLOB	0 ~ 4294967295 字节	二进制形式的极大文本数据
LONGTEXT	0 ~ 4294967295 字节	极大文本数据

数值类型的存储空间和描述如表 1-2 所示。

表 1-2　数值类型的存储空间和描述

类　型	存储空间	描　述
TINYINT	1 字节	小整数值
SMALLINT	2 字节	大整数值
MEDIUMINT	3 字节	大整数值
INT 或 INTEGER	4 字节	大整数值
BIGINT	8 字节	极大整数值
FLOAT	4 字节	单精度浮点数值
DOUBLE	8 字节	双精度浮点数值

日期时间类型的存储空间、格式和描述如表 1-3 所示。

表 1-3　日期时间类型的存储空间、格式和描述

类　型	存储空间	格　式	描　述
DATE	3 字节	YYYY-MM-DD	日期值
TIME	3 字节	HH:MM:SS	时间值或持续时间
YEAR	1 字节	YYYY	年份值
DATETIME	8 字节	YYYY-MM-DD hh:mm:ss	日期值和时间值
TIMESTAMP	4 字节	YYYY-MM-DD hh:mm:ss	时间戳

DATETIME 和 TIMESTAMP 会返回相同的时间格式，但它们的工作方式不同。在 INSERT 或 UPDATE 查询中，TIMESTAMP 会自动设置为当前的日期和时间。TIMESTAMP 可设置不同的格式。

第 2 章

MySQL 的安装

本章要点

- 了解 AppServ。
- 使用 AppServ 安装 MySQL。

2.1 AppServ 概述

很多用户在单独安装 Apache、MySQL 等数据库相关的软件时，需要输入命令、选择安装路径，由于软件版本兼容性的问题，甚至需要花费几天时间才能安装成功。当用户选择集成包安装 MySQL 时，只需很短的时间就能完成安装，无须考虑安装多个软件时的版本兼容性问题，方便快捷，省时省力。

AppServ 是一款实用的 PHP 环境一键搭建软件，包括 Apache、Apache Monitor、PHP、MySQL、phpMyAdmin 等专业的建站工具，可帮助用户快速搭建数据库相关的环境。

小提示

在安装 AppServ 时，不必一味地追求最新版本，根据自己的电脑配置选择适合的版本即可。

2.2 使用 AppServ 安装 MySQL

在成功安装 AppServ 后，单击 AppServ 文件夹，可查看 AppServ 文件夹中的内容，包括 Apache Restart、Apache Start、Apache Stop、Enable SSL、MySQL Command Line Client、MySQL Start、MySQL Stop、PHP Version Switch、Reset MySQL Root Password 等软件，如图 2-1 所示。

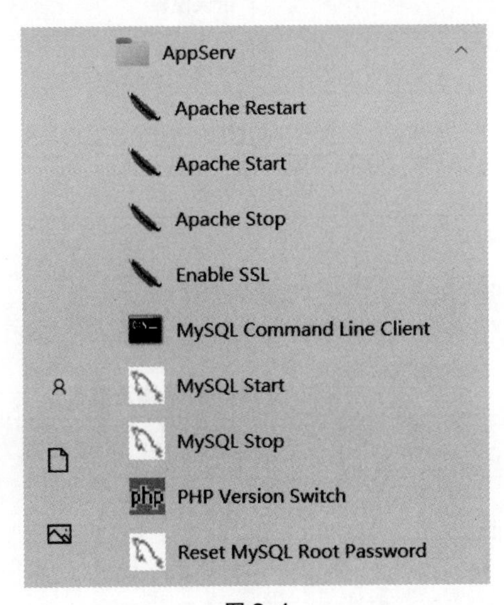

图 2-1

除此之外，AppServ 文件夹中还包括 Apache24 文件夹、MySQL 文件夹、php5 文件夹、php7 文件夹、www 文件夹，如图 2-2 所示。

此电脑 › DATA (D:) › AppServ ›

名称	修改日期	类型	大小
Apache24	2019/9/12 14:19	文件夹	
MySQL	2019/9/12 14:20	文件夹	
php5	2019/9/12 14:19	文件夹	
php7	2019/9/12 14:19	文件夹	
www	2022/5/1 11:02	文件夹	
Uninstall-AppServ8.6.0.exe	2019/9/12 14:21	应用程序	221 KB

图 2-2

Apache 的服务器存储在 Apache24 文件夹中。Apache24 文件夹的结构及其说明如表 2-1 所示。

表 2-1　Apache24 文件夹的结构及其说明

结　构	说　明
apache/bin	主程序
apache/conf apache	配置文件
apache/error apache	错误模板
apache/icons	图标
apache/log	日志文件
apache/module	模块

MySQL 文件夹的结构及其说明如表 2-2 所示。

表 2-2　MySQL 文件夹的结构及其说明

结　构	说　明
MySQL/bin	主执行文件
MySQL/data	MySQL 数据
MySQL/share	错误消息

PHP5 或 PHP7 文件夹的结构及其说明如表 2-3 所示。

表 2-3　PHP5 或 PHP7 文件夹的结构及其说明

结　构	说　明
php	命令行和 DLL 库
php/ext	拓展模块
php/PEAR-PEAR	框架组件
php/extras	额外的组件

www 文件夹的结构及其说明如表 2-4 所示。

表 2-4　www 文件夹的结构及其说明

结　构	说　明
www	网页文件的 www 目录
www/cgi-bin	cgi 文件目录
www/phpMyAdmin	phpMyAdmin 程序目录
www/AppServ	AppServ 文件，安装后可删除

第3章

MySQL 查询

本章要点

- 了解如何使用文件夹查询 MySQL。
- 了解如何使用 MySQL 命令查询 MySQL。
- 了解如何使用 phpMyAdmin 软件查询 MySQL。
- 了解数据库、数据表、数据字段和数据内容。

3.1 文件夹查询 MySQL

使用文件夹查询 MySQL 的安装路径。如图 3-1 所示，MySQL 的安装路径为“D:\AppServ\MySQL\data”。

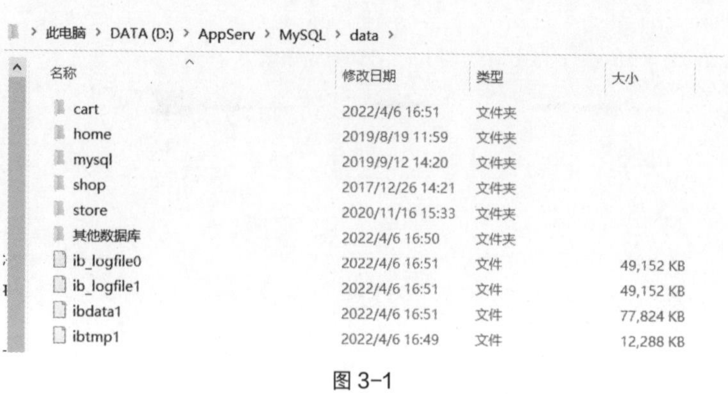

› 此电脑 › DATA (D:) › AppServ › MySQL › data ›

名称	修改日期	类型	大小
cart	2022/4/6 16:51	文件夹	
home	2019/8/19 11:59	文件夹	
mysql	2019/9/12 14:20	文件夹	
shop	2017/12/26 14:21	文件夹	
store	2020/11/16 15:33	文件夹	
其他数据库	2022/4/6 16:50	文件夹	
ib_logfile0	2022/4/6 16:51	文件	49,152 KB
ib_logfile1	2022/4/6 16:51	文件	49,152 KB
ibdata1	2022/4/6 16:51	文件	77,824 KB
ibtmp1	2022/4/6 16:49	文件	12,288 KB

图 3-1

3.2 MySQL 命令查询 MySQL

步骤 1 ▶▶ 若计算机为 Windows 系统，则单击桌面左下角的“■”按钮，在搜索框中输入“cmd”，如图 3-2 所示。

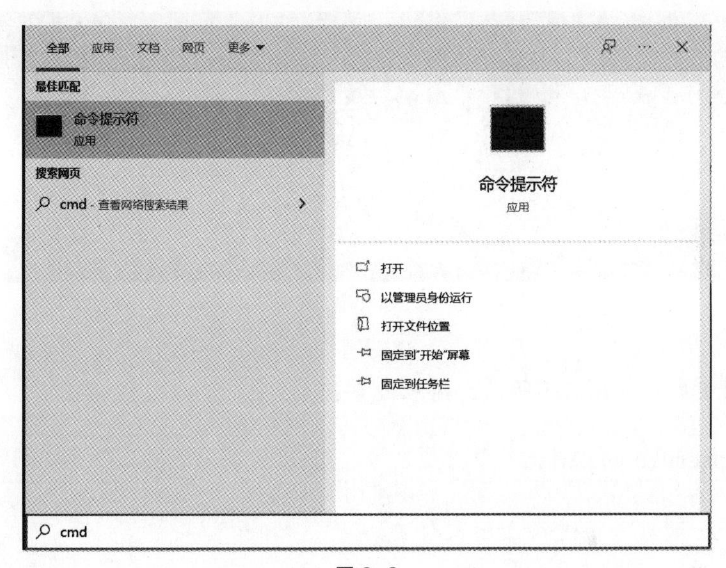

图 3-2

步骤 2 ▶▶ 按 Enter 键后，会打开“命令提示符”窗口，如图 3-3 所示。

图 3-3

步骤 3 ▶▶ 输入命令：

```
D:
```

按 Enter 键后，进入 D 盘，如图 3-4 所示。

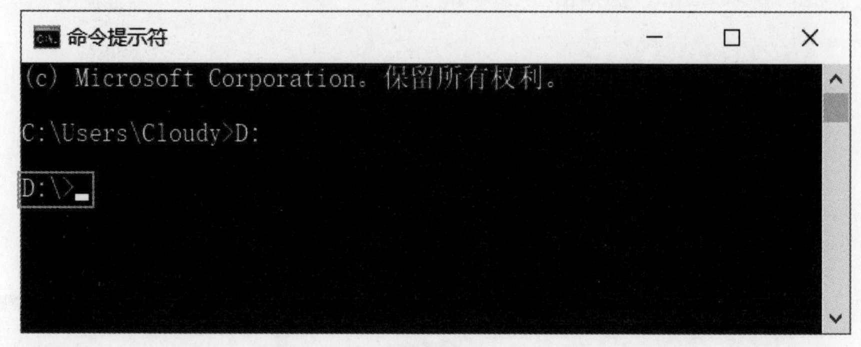

图 3-4

步骤 4 ▶▶ 如图 3-5 所示，输入命令：

```
cd appserv\mysql\data
```

按 Enter 键后，将进入 data 文件夹。

图 3-5

步骤 5 ▶▶ 输入命令：

```
dir
```

按 Enter 键后，显示 data 文件夹的目录，如图 3-6 所示，data 文件夹中的数据库内容和图 3-1 中的内容相同，这意味着使用 MySQL 命令或使用文件夹，都能查询同一个数据库。

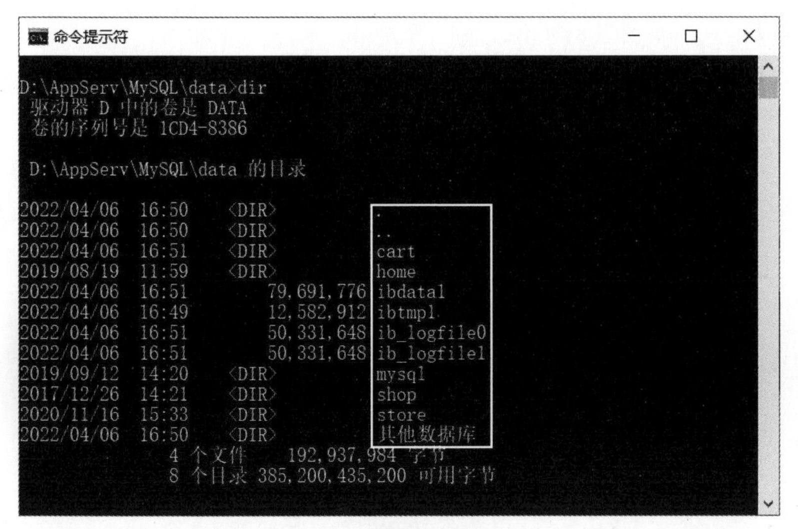

图 3-6

3.3 phpMyAdmin 软件查询 MySQL

步骤 1 ▶▶ 在浏览器的搜索框中输入 phpMyAdmin 软件的地址“http://localhost/phpmyadmin/”，按 Enter 键后，打开 phpMyAdmin 软件的登录页面，如图 3-7 所示。

图 3-7

步骤 2 ▶▶ 如图 3-8 所示，在“用户名”文本框中输入“root”，在“密码”文本框中输入密码。

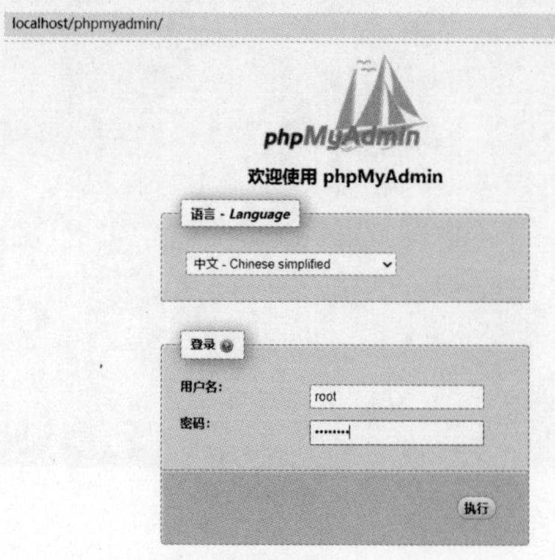

图 3-8

这里输入的密码为安装 MySQL 时设置的密码。

步骤 3 ▶▶ 单击“执行”按钮，进入 phpMyAdmin 软件的管理页面，如图 3-9 所示。

图 3-9

步骤 4 ▶▶ 在管理页面左侧的菜单面板中可查看所有的数据库。使用文件夹、MySQL 命令和 phpMyAdmin 软件均可查询同一个数据库，如图 3-10 所示。

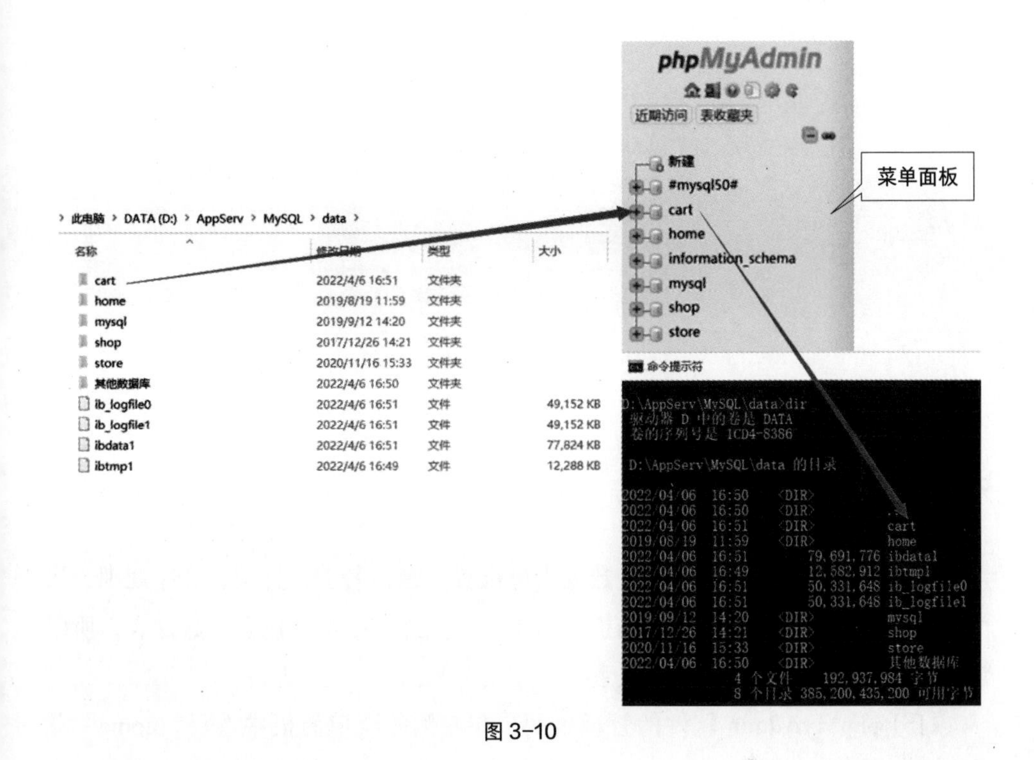

图 3-10

3.4 数据库说明

3.4.1 数据库

数据库是按照数据结构组织、存储和管理数据的仓库，是一个长期存储在计算机内的、有组织的、可共享的、统一管理的大量数据的集合。

打开 phpMyAdmin 软件的管理页面，单击工作面板上方的“数据库”按钮，即可查看所有数据库。图 3-11 展示了 7 个数据库。

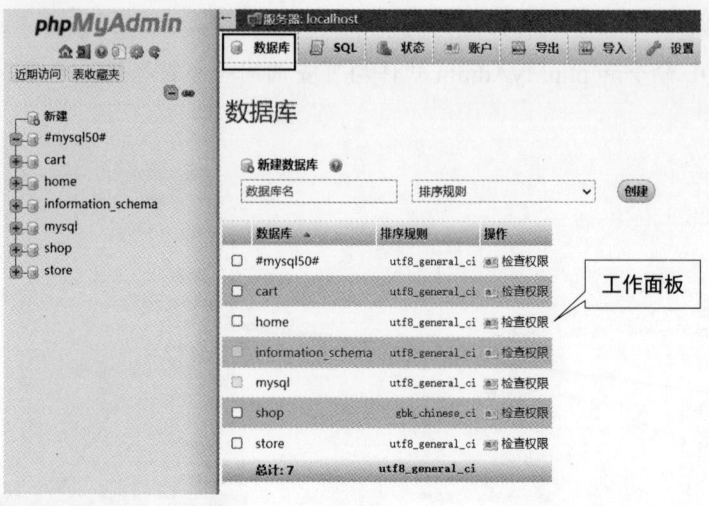

图 3-11

3.4.2 数据表

数据表是存储数据的表格。数据表可设置主键、名字、类型、排序规则、属性、默认、注释、额外等数据结构。由于一个数据库中可创建多个数据表，所以数据库和数据表存在一对多的关系。

打开 phpMyAdmin 软件的管理页面，在左侧的菜单面板中选择“home”菜单命令，将在右侧的工作面板中显示数据库 home 的所有数据表。图 3-12 展示了 11 张数据表。

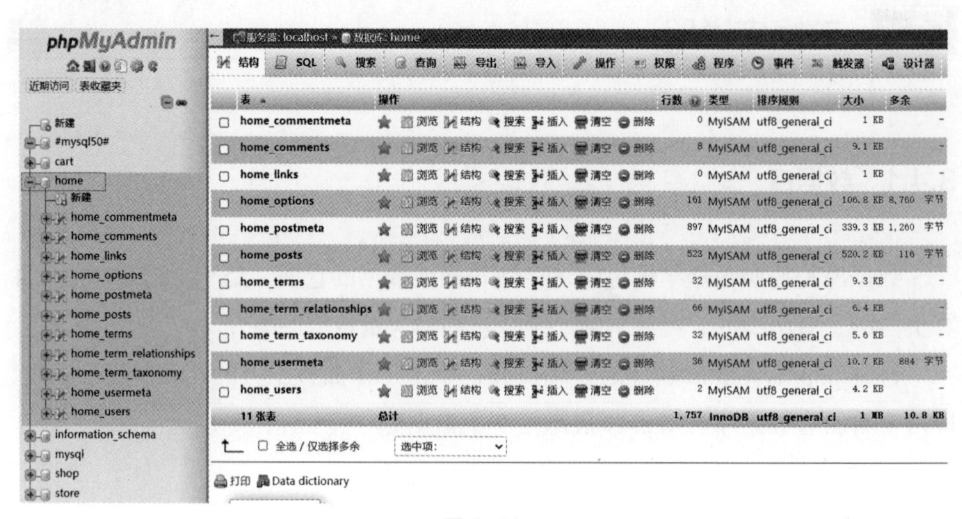

图 3-12

3.4.3 数据字段

数据字段是指数据表中的一列。在左侧的菜单面板中，选择“home”→“home_users”菜单命令，工作面板显示 ID、user_login、user_nicename、user_pass 等数据字段，如图 3-13 所示。

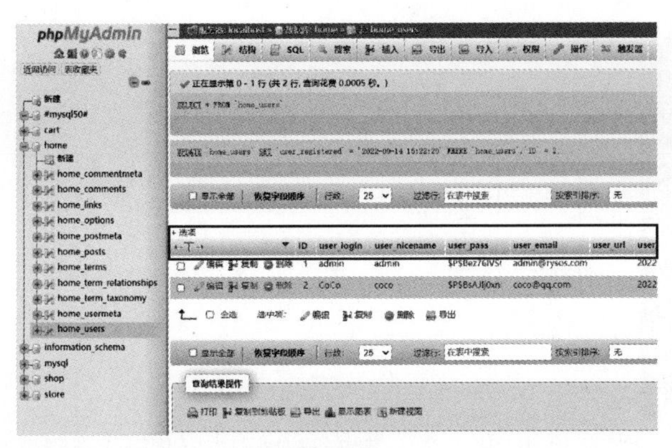

图 3-13

3.4.4 数据内容

数据内容是指数据字段中的数据。数据字段能包含多个数据内容，数据字段与数据内容存在一对多的关系。

在菜单面板中选择“home”→“home_users”菜单命令。如图 3-14 所示，数据字段 user_login 包括 admin 和 CoCo 等数据内容。

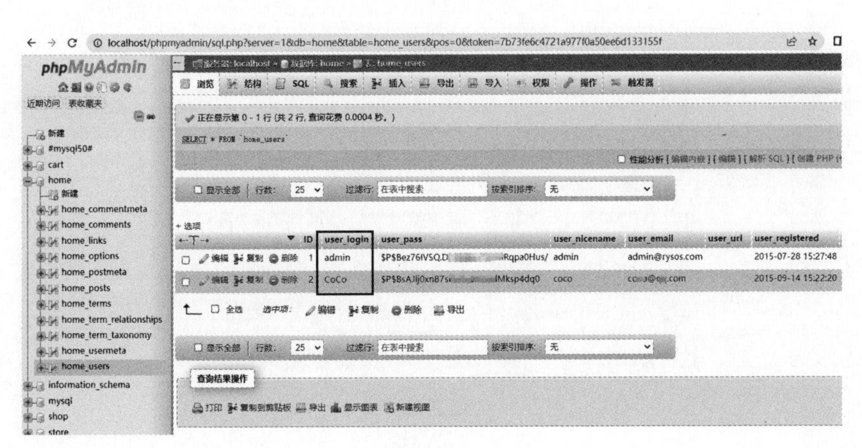

图 3-14

数据内容来自哪里呢？如图 3-15 所示，在浏览器的搜索框中输入网址“http://localhost/admin”，打开 PHP 程序的后台管理窗口，选择“用户”→“所有用户”菜单命令，打开用户管理页面，可查看所有用户的信息，其中包括 admin 和 CoCo 两个用户，admin 和 CoCo 正是数据字段 user_login 的数据内容。也就是说，数据库的数据内容来源于 PHP 程序添加的用户信息。

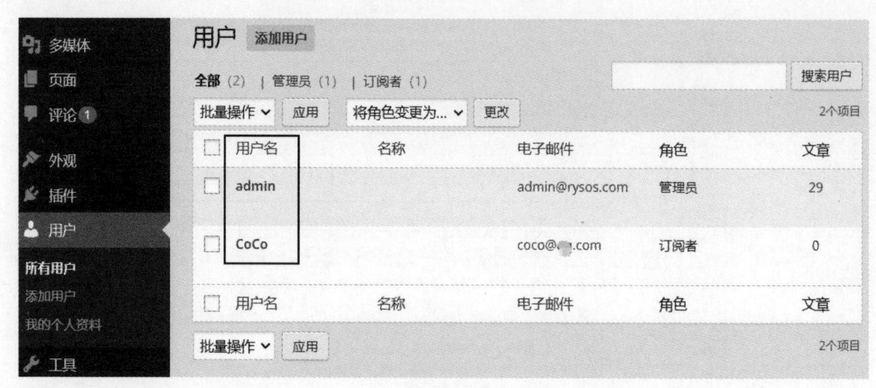

图 3-15

3.4.5 总结

简而言之，存在数据库才能创建数据表，存在数据表才能生成数据字段，存在数据字段才能保存数据内容。一个数据库可包含多个数据表，一个数据表可包含多个数据字段，一个数据字段可包含多个数据内容。

图 3-16 展示了数据库、数据表、数据字段和数据内容的关系。

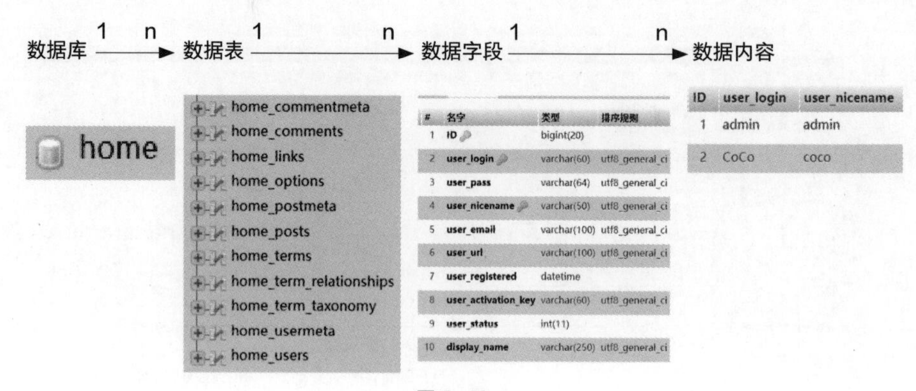

图 3-16

实践入门篇

第 4 章

数据库创建语句

本章要点

- 学习如何查询数据库的用户和服务器信息。
- 学习如何创建数据库。
- 学习如何创建数据表和数据字段。
- 学习如何创建数据内容。

4.1 查询数据库的用户

• 语 法 •

select 用户名 , 服务器名 from 数据表;

示例: select * from user;

备注: 用户名和服务器名用符号 * 表示时，表示查询数据表 user 的全部信息。

如图 4-1 所示，打开 phpMyAdmin 软件的管理页面，单击工作面板上方的“账户”按钮，可查看所有的用户账户。其中，存在用户名为 linfurong 的用户账户。如何使用 SQL 查看用户名为 linfurong 的用户账户呢?

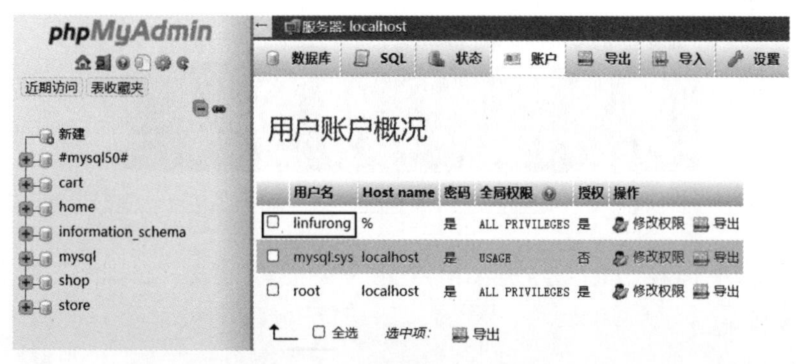

图 4-1

步骤 1 ▶▶ 若用户使用 Windows 系统的计算机，则单击桌面左下角的“ ”按钮，在弹出的窗口中搜索“MySQL Command Line Client”，如图 4-2 所示。

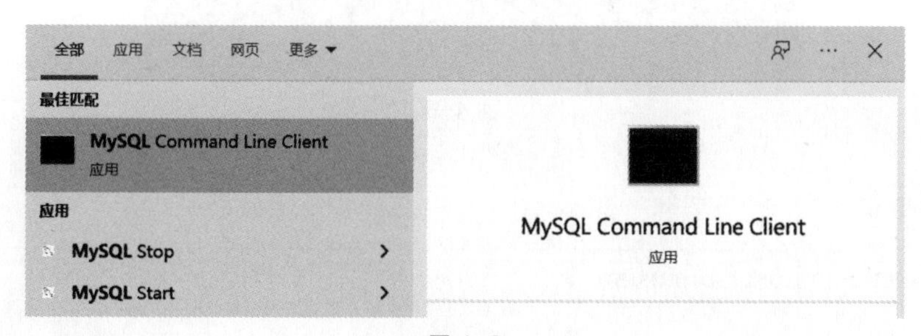

图 4-2

步骤 2 ▶▶ 在搜索结果列表中，单击“MySQL Command Line Client”选项，打开“MySQL Command Line Client”窗口，如图 4-3 所示。

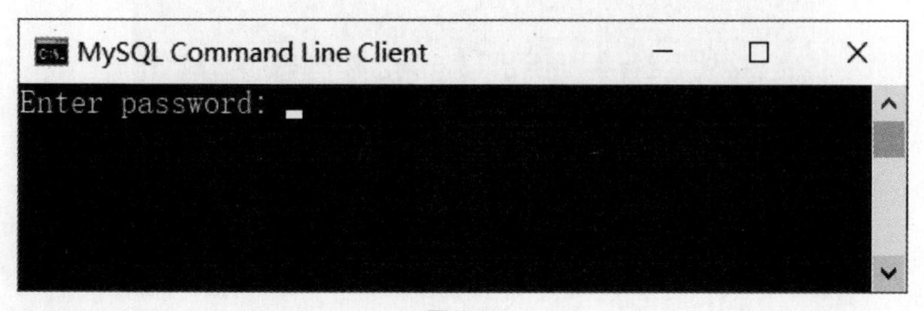

图 4-3

步骤 3 ▶▶ 在安装 AppServ 时，设置了 MySQL 的密码。在“MySQL Command Line Client”窗口中输入当时设置的密码，如图 4-4 所示。

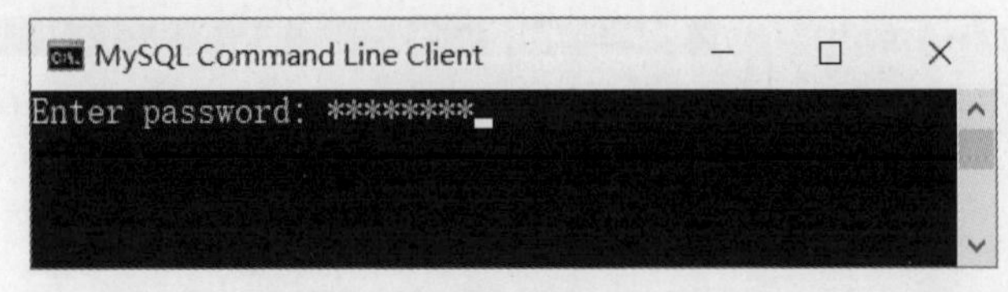

图 4-4

步骤 4 ▶▶ 按 Enter 键，进入 MySQL 命令模式，显示“mysql>”命令头部，如图 4-5 所示。

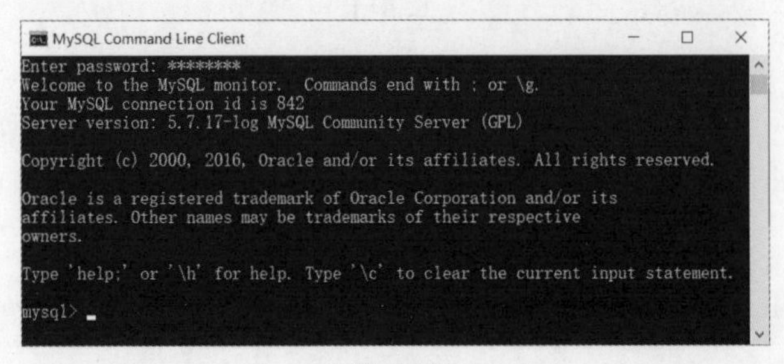

图 4-5

步骤 5 ▶▶ 输入命令：

```
select user,host from user;
```

按 Enter 键后，显示用户的账户和服务器信息，如图 4-6 所示。

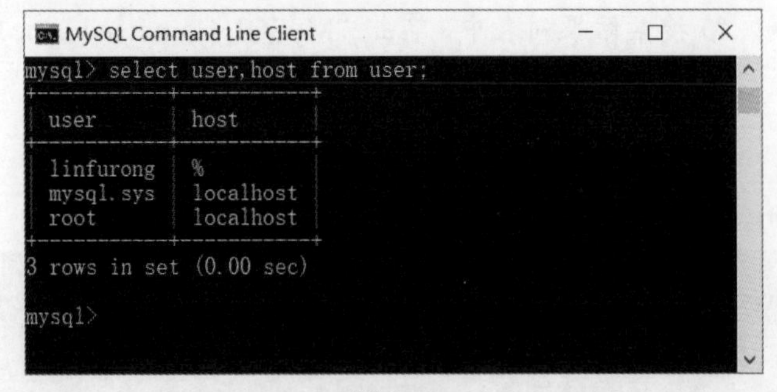

图 4-6

步骤 6 ▶▶ 输入命令：

```
select * from user;
```

按 Enter 键后，显示所有数据字段的相关信息，如图 4-7 所示。

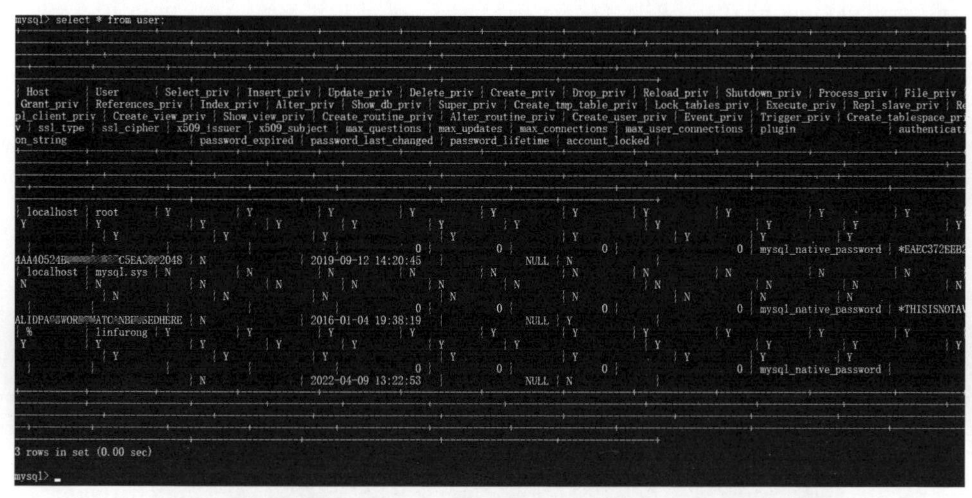

图 4-7

4.2 创建数据库

语 法

```
create database 数据库;
```

如图 4-8 所示，打开 phpMyAdmin 软件的管理页面，在左侧的菜单面板中不存在名为 shenzhen 的数据库，现在想新增一个名为 shenzhen 的数据库，该如何操作？

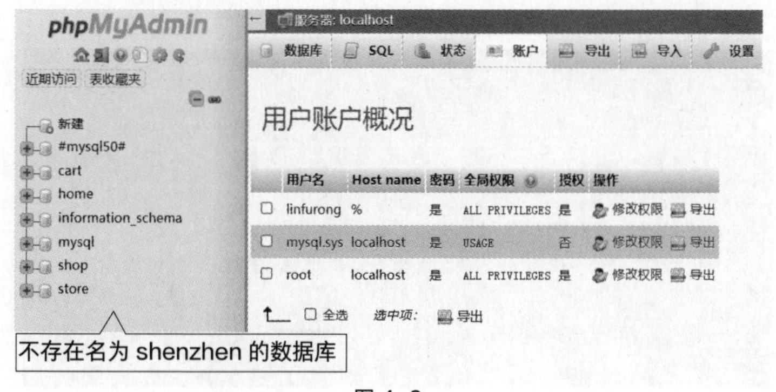

图 4-8

步骤 1 ▶▶ 进入 MySQL 命令模式，输入命令：

```
create database shenzhen;
```

按 Enter 键后，显示：

```
Query OK, 1 row affected (0.01 sec)
```

表示成功创建数据库 shenzhen，用时 0.01s，如图 4-9 所示。

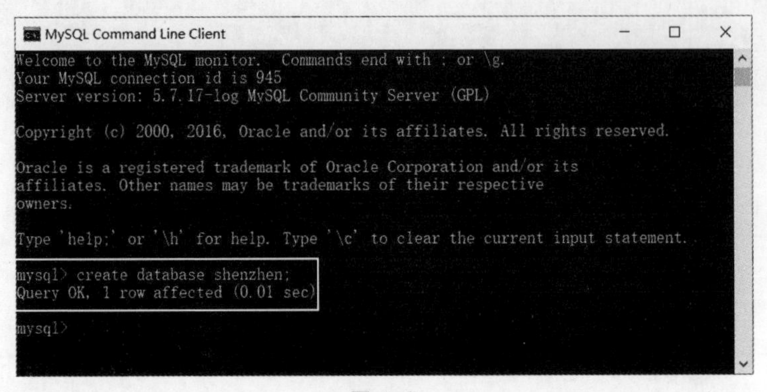

图 4-9

步骤 2 ▶▶ 验证数据库 shenzhen 是否创建成功，输入命令：

```
show databases;
```

按 Enter 键后，显示所有的数据库名称，已存在数据库 shenzhen，如图 4-10 所示。

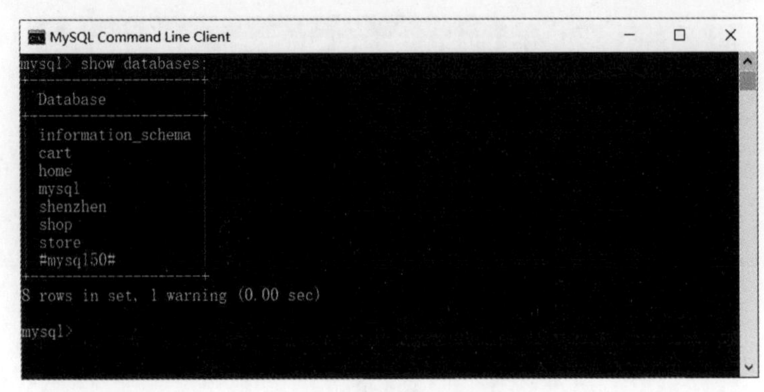

图 4-10

步骤 3 ▶▶ 使用 phpMyAdmin 软件，验证是否成功创建数据库 shenzhen。打开 phpMyAdmin 软件的管理页面，按 F5 键刷新页面，显示存在数据库 shenzhen，表示数据库 shenzhen 创建成功，如图 4-11 所示。

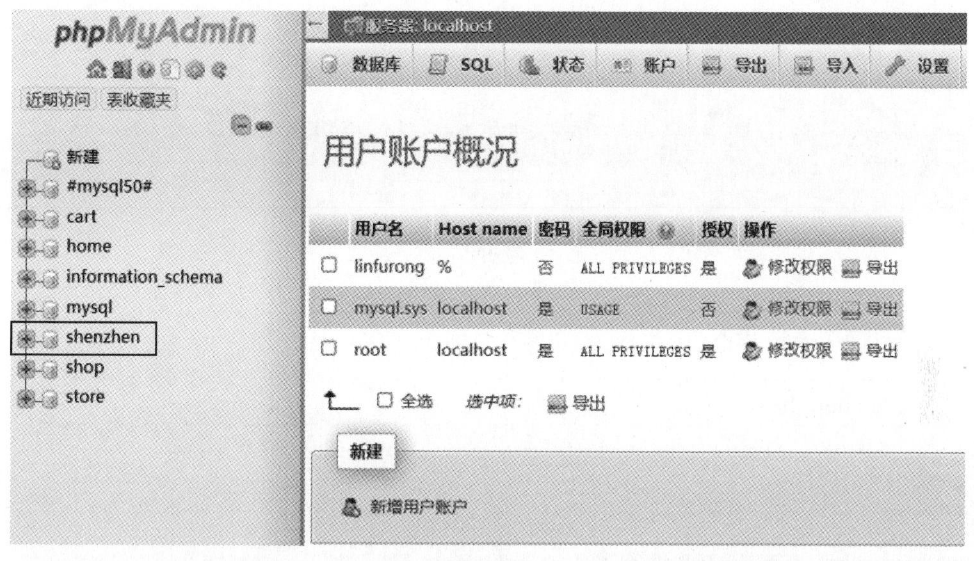

图 4-11

4.3 创建数据表和数据字段

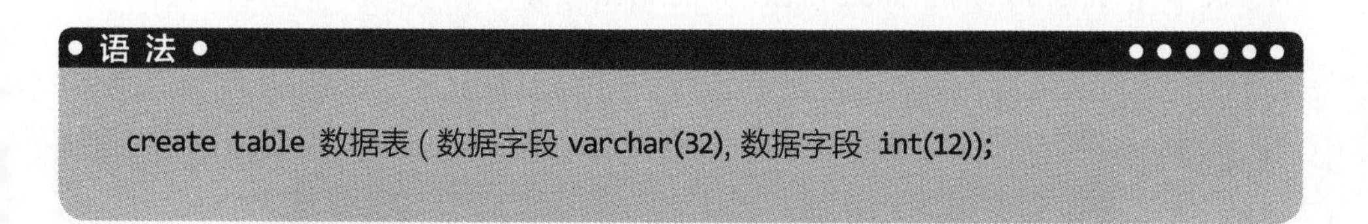

• 语 法 •

```
create table 数据表 ( 数据字段 varchar(32), 数据字段 int(12));
```

如图 4-12 所示，打开 phpMyAdmin 软件的管理页面，在左侧的菜单面板中选择“shenzhen”菜单命令，在工作面板中不存在数据表。现在想在数据库 shenzhen 中新增一个数据表 sz_student，该数据表的数据字段包括 id、name 和 number。

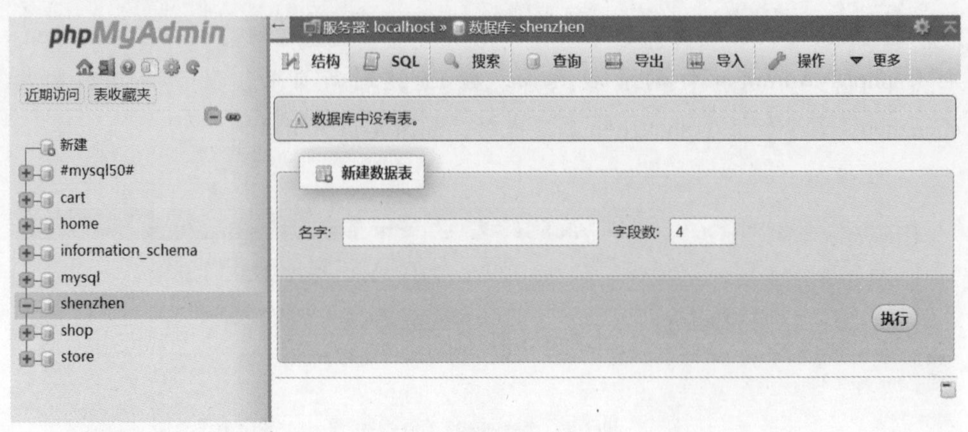

图 4-12

步骤 1 ▶▶ 进入 MySQL 命令模式，输入命令：

```
use shenzhen
```

use 命令用于使用数据库。

步骤 2 ▶▶ 按 Enter 键后，显示：

```
Database changed
```

表示成功使用数据库 shenzhen，如图 4-13 所示。

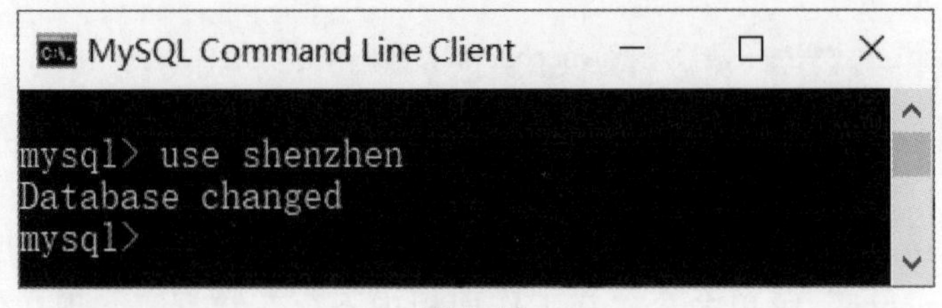

图 4-13

步骤 3 ▶▶ 输入命令：

```
create table sz_student(id int(11),name varchar(32),number int(11));
```

按 Enter 键后，显示：

```
Query OK, 0 rows affected (0.20 sec)
```

表示成功创建数据表和数据字段，如图 4-14 所示。

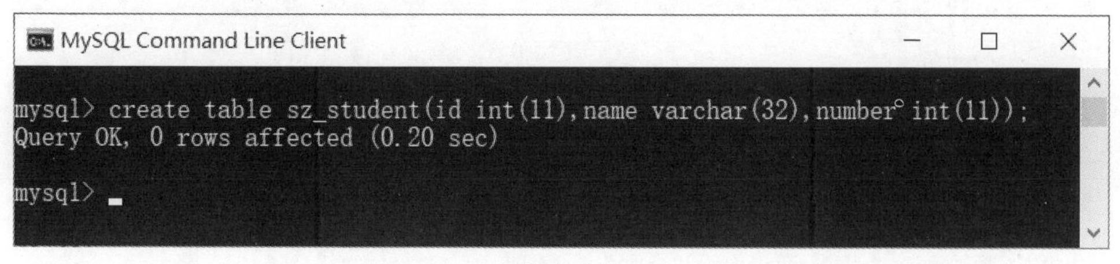

图 4-14

步骤 4 ▶▶ 使用 phpMyAdmin 软件，验证是否成功创建数据表和数据字段。打开 phpMyAdmin 软件的管理页面，在左侧的菜单面板中选择“shenzhen”菜单命令，按 F5 键刷新页面，显示存在数据表 sz_student，并详细展示了数据字段，如图 4-15 所示。

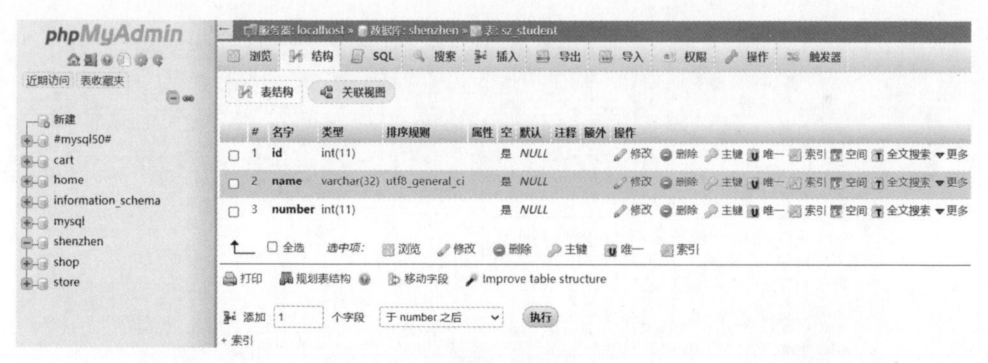

图 4-15

4.4 创建数据内容

• 语 法 •

insert into 数据表 (数据字段 1, 数据字段 2, 数据字段 3) VALUES (数据内容 1, 数据内容 2, 数据内容 3) ;

提示：通常，数据内容是用户通过程序输入而来的，很少需要手动增加数据内容。

如图 4-16 所示，打开 phpMyAdmin 软件的管理页面，在左侧的菜单面板中选择“shenzhen”→“sz_student”菜单命令，工作面板显示数据表 sz_student 的数据字段：id、name 和 number。数据字段中是没有任何数据内容的。现在想在数据表 sz_student 中新增数据内容，新增的数据内容如表 4-1 所示。

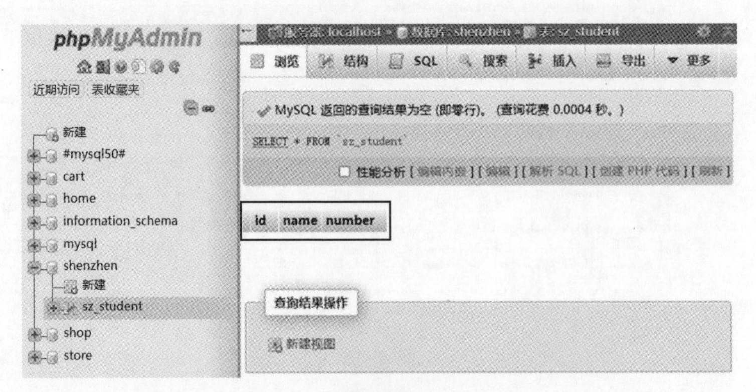

图 4-16

表 4-1 新增的数据内容

id	name	number
1	linfurong	2022000001
2	linxixi	2022000002
3	linqiao	2022000003

步骤 1 ▶▶ 进入 MySQL 命令模式，输入命令：

```
use shenzhen
```

按 Enter 键后，显示：

```
Database changed
```

表示成功使用数据库 shenzhen，如图 4-17 所示。

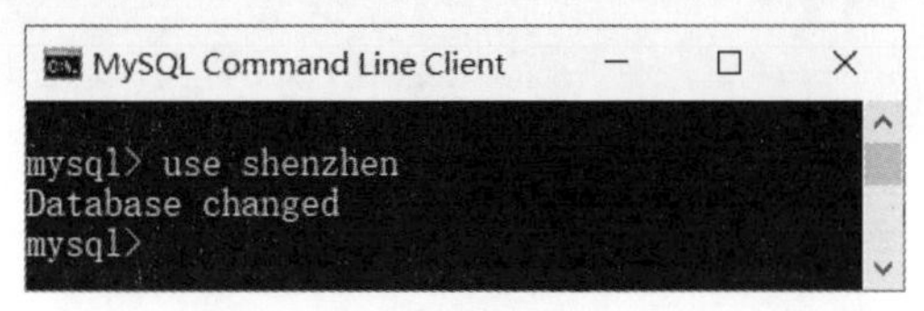

图 4-17

步骤 2 ▶▶ 输入命令：

```
insert into 'sz_student' ('id', 'name', 'number') VALUES ('1', 'linfurong', '2022000001'), ('2', 'linxixi', '2022000002');
```

按 Enter 键后，显示：

```
Query OK, 2 rows affected (0.09 sec)
Records: 2 Duplicates: 0 Warnings: 0
```

表示已经成功创建数据内容，如图 4-18 所示。

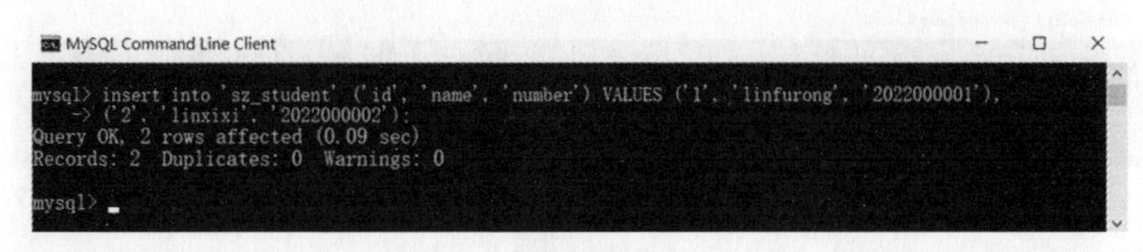

图 4-18

步骤 3 ▶▶ 使用 phpMyAdmin 软件，验证是否成功创建数据内容。如图 4-19 所示，打开 phpMyAdmin 软件的管理页面，在左侧的菜单面板中选择"shenzhen"→"sz_student"菜单命令，并单击工作面板上方的"浏览"按钮。

数据字段 id、name 和 number 中已经显示数据内容，数据内容与表 4-1 中前两条数据的数据内容相同。

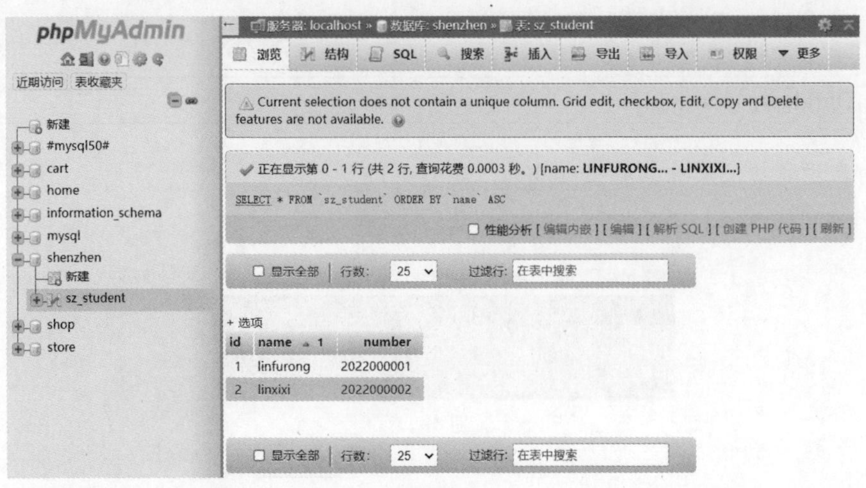

图 4-19

步骤 4 ▶▶ 创建第三条数据内容。进入 MySQL 命令模式，输入命令：

```
insert into 'sz_student' ('id', 'name', 'number') VALUES ('3', 'linqiao', '2022000003');
```

按 Enter 键后，显示：

```
Query OK, 1 row affected (0.12 sec)
```

表示成功创建第三条数据内容，如图 4-20 所示。

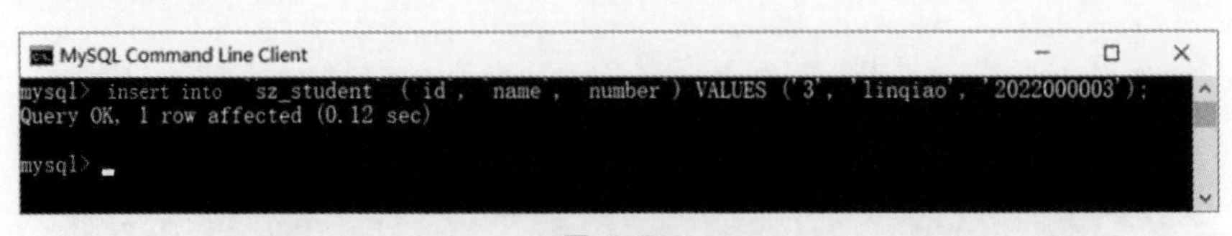

图 4-20

步骤 5 ▶▶ 使用 phpMyAdmin 软件，验证是否成功创建数据内容。如图 4-21 所示，打开 phpMyAdmin 软件的管理页面，在左侧的菜单面板中选择“shenzhen”→“sz_student”菜单命令，并单击工作面板上方的“浏览”按钮，显示第三条数据内容，表明数据内容创建成功。

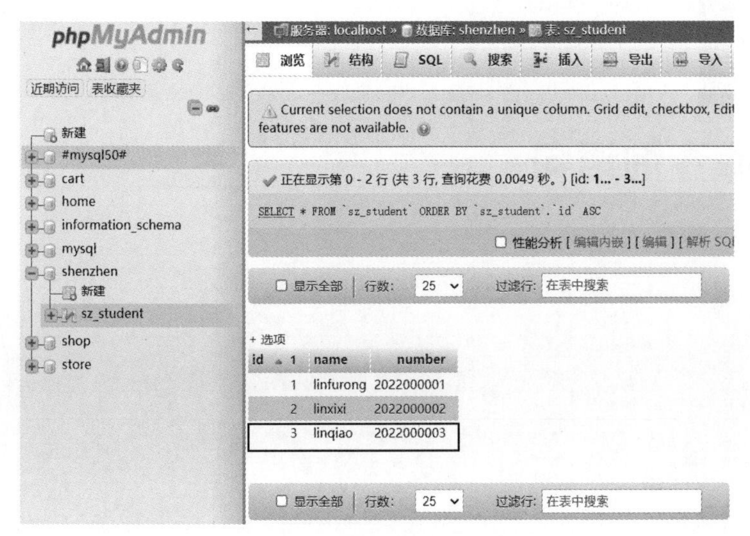
phpMyAdmin
近期访问 表收藏夹
新建
#mysql50#
cart
home
information_schema
mysql
shenzhen
新建
sz_student
shop
store
服务器: localhost » 数据库: shenzhen » 表: sz_student
浏览 结构 SQL 搜索 插入 导出 导入
Current selection does not contain a unique column. Grid edit, checkbox, Edit
features are not available.
正在显示第 0 - 2 行 (共 3 行, 查询花费 0.0049 秒。) [id: 1... - 3...]
SELECT * FROM `sz_student` ORDER BY `sz_student`.`id` ASC
性能分析 [编辑内嵌] [编辑] [解析 SQL
显示全部 行数: 25 过滤行: 在表中搜索
+ 选项
id name number
1 linfurong 2022000001
2 linxixi 2022000002
3 linqiao 2022000003
显示全部 行数: 25 过滤行: 在表中搜索

图 4-21

第5章

数据库查询语句

本章要点

- 学习如何查询数据库、数据表、数据字段、数据内容。
- 掌握 select 语句和 show 语句的用法。

5.1 查询数据库

语法

```
show databases;
show schemas;
```

如图 5-1 所示，打开 phpMyAdmin 软件的管理页面，在左侧的菜单面板中可查看所有的数据库，如 cart、home、shenzhen 等。如何使用 MySQL 命令查询所有的数据库呢？

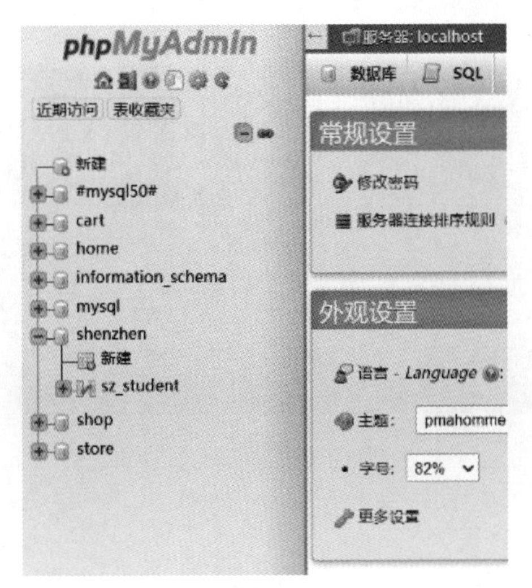

图 5-1

步骤 1 ▶▶ 进入 MySQL 命令模式，输入命令：

```
show databases;
```

按 Enter 键后，显示所有的数据库，如图 5-2 所示。

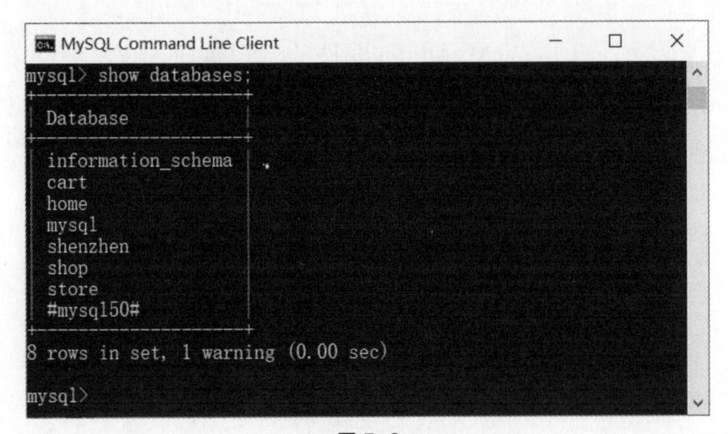

图 5-2

步骤 2 ▶▶ 还可使用另一种命令查询所有的数据库。输入命令：

```
show schemas;
```

按 Enter 键后，显示所有的数据库，如图 5-3 所示。

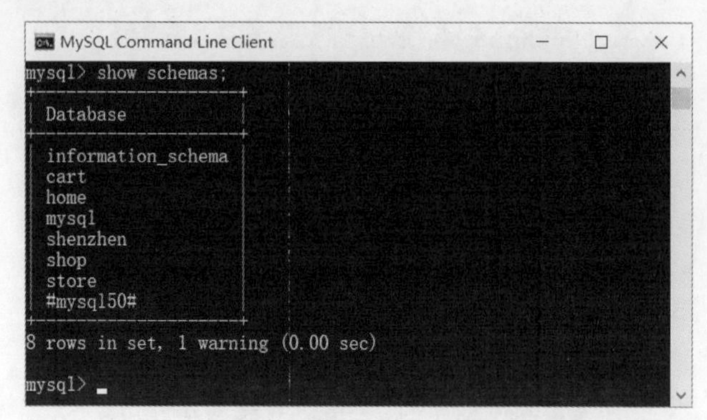

图 5-3

5.2 查询数据表

语法

```
show tables;
```

如图 5-4 所示，打开 phpMyAdmin 软件的管理页面，在左侧的菜单面板选择“shenzhen”菜单命令，可以看到，数据库 shenzhen 中只有一个数据表 sz_student。如何使用 MySQL 命令查询指定数据库中的所有数据表呢？

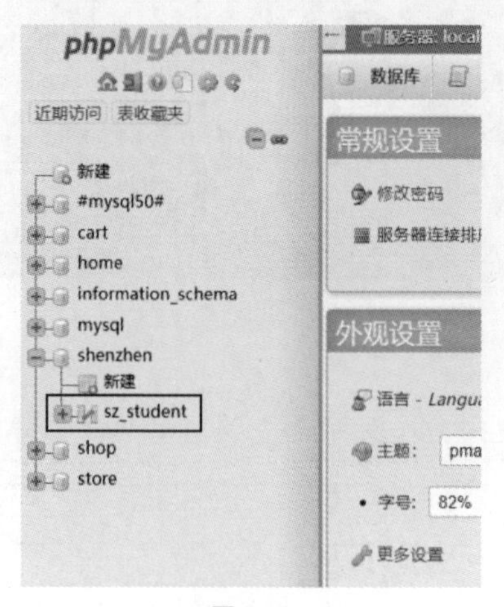

图 5-4

步骤 1 ▶▶ 进入 MySQL 命令模式，输入命令：

```
use shenzhen;
```

按 Enter 键后，显示：

```
Database changed
```

步骤 2 ▶▶ 输入命令：

```
show tables;
```

如图 5-5 所示，按 Enter 键后，显示数据库 shenzhen 的所有数据表。目前，数据库 shenzhen 中只包括 sz_student 一个数据表。

图 5-5

5.3 查询数据字段

• 语 法 •

```
show full columns from 数据表;
```

如图 5-6 所示，打开 phpMyAdmin 软件的管理页面，在左侧的菜单面板中选择“shenzhen”→“sz_student”菜单命令，单击工作面板上方的“结构”按钮，可查看数据表 sz_student 的数据字段，包括 id、name、number。如何使用 MySQL 命令查询指定数据表的数据字段呢？

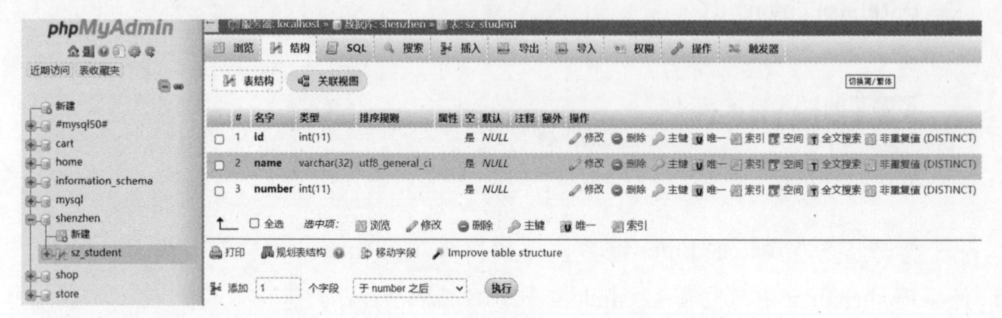

图 5-6

步骤 1 ▶▶ 进入 MySQL 命令模式，输入命令：

```
show full columns from sz_student;
```

按 Enter 键后，显示数据表 sz_student 的所有数据字段，如图 5-7 所示。

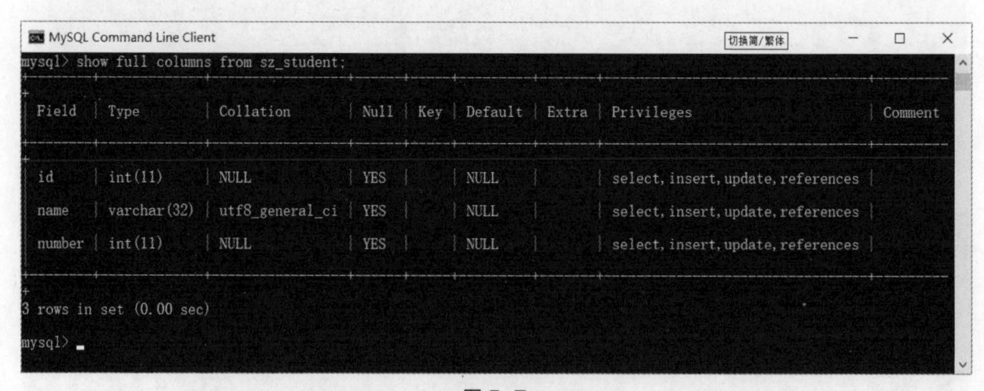

图 5-7

步骤 2 ▶▶ 如图 5-8 所示，使用 phpMyAdmin 软件和 MySQL 命令查询的数据字段能一一对应。

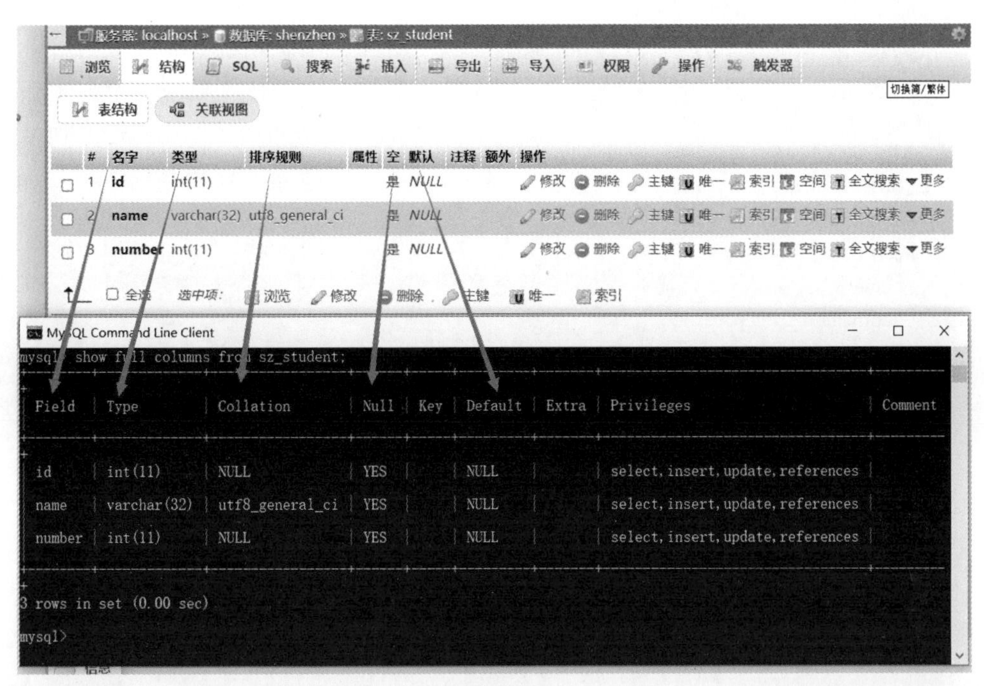

图 5-8

5.4 查询数据内容

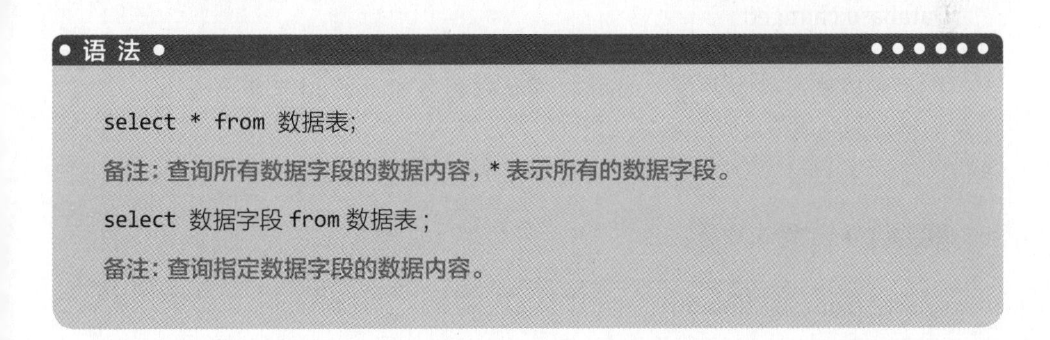

语 法

```
select * from 数据表;
```

备注：查询所有数据字段的数据内容，* 表示所有的数据字段。

```
select 数据字段 from 数据表;
```

备注：查询指定数据字段的数据内容。

如图 5-9 所示，打开 phpMyAdmin 软件的管理页面，在左侧的菜单面板中选择“shenzhen”→“sz_student”菜单命令，在工作面板中可查看数据表 sz_student 的所有数据内容。如何使用 MySQL 命令查询这些数据内容呢？

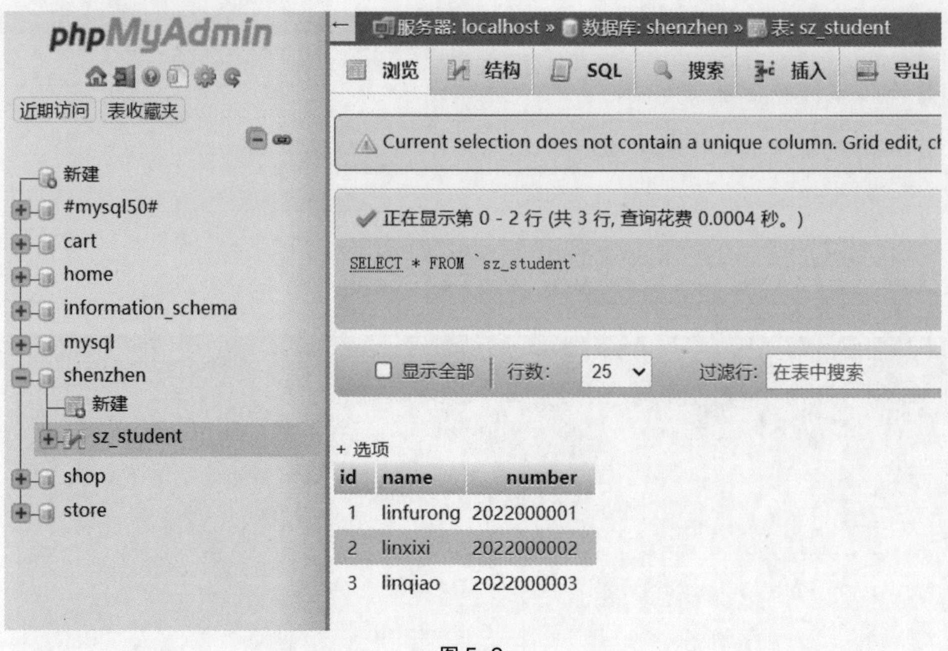

图 5-9

步骤 1 ▶▶ 如图 5-10 所示，进入 MySQL 命令模式，输入命令：

```
use shenzhen;
```

按 Enter 键后，显示：

```
Database changed
```

表示成功使用数据库 shenzhen，可在数据库 shenzhen 中进行查询、创建、修改、删除等操作。

步骤 2 ▶▶ 输入命令：

```
select * from sz_student;
```

按 Enter 键后，显示数据表 sz_student 的所有数据内容，并显示：

```
3 rows in set (0.00 sec)
```

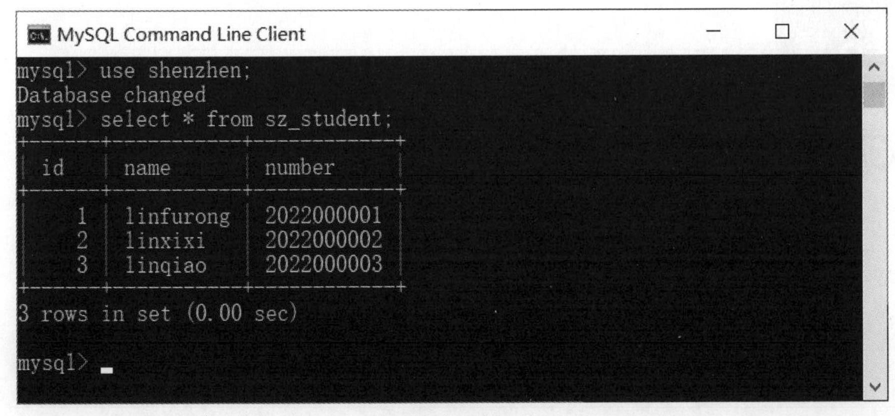

图 5-10

步骤 3 ▶▶ 如图 5-11 所示，如果只查询数据字段 name 的数据内容，则输入命令：

```
select name from sz_student;
```

按 Enter 键后，显示数据字段 name 的所有数据内容。

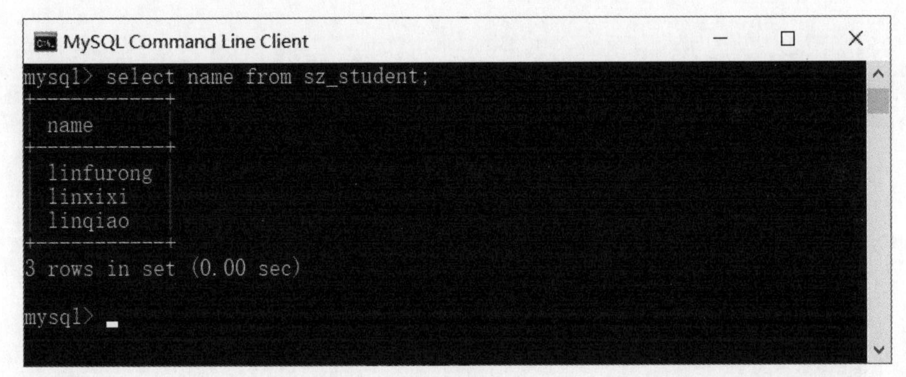

图 5-11

第 6 章

数据库插入语句

本章要点

- 学习如何插入数据字段。
- 学习如何插入数据内容。
- 学习如何复制数据表。

6.1 插入数据字段

• 语 法 •

alter table 数据表 add(数据字段 数据字段类型 (值), 数据字段 数据字段类型 (值));

如何使用 MySQL 命令在数据表 sz_student 中插入数据字段 yuwen 和 shuxue 呢?

步骤 1 ▶▶ 如图 6-1 所示，进入 MySQL 命令模式，输入命令：

```
alter table sz_student add(yuwen int(11),shuxue int(11));
```

按 Enter 键后，显示：

```
Query OK, 0 rows affected (0.66 sec)
Records: 0 Duplicates: 0 Warnings: 0
```

表示成功插入数据字段 yuwen 和 shuxue。

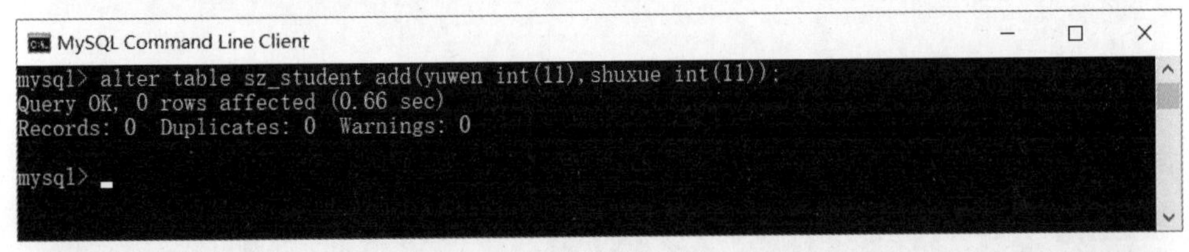

图 6-1

步骤 2 ▶▶ 回到 phpMyAdmin 软件中。如图 6-2 所示，数据表 sz_student 新增了数据字段 yuwen 和 shuxue，说明成功使用 MySQL 命令插入数据字段。

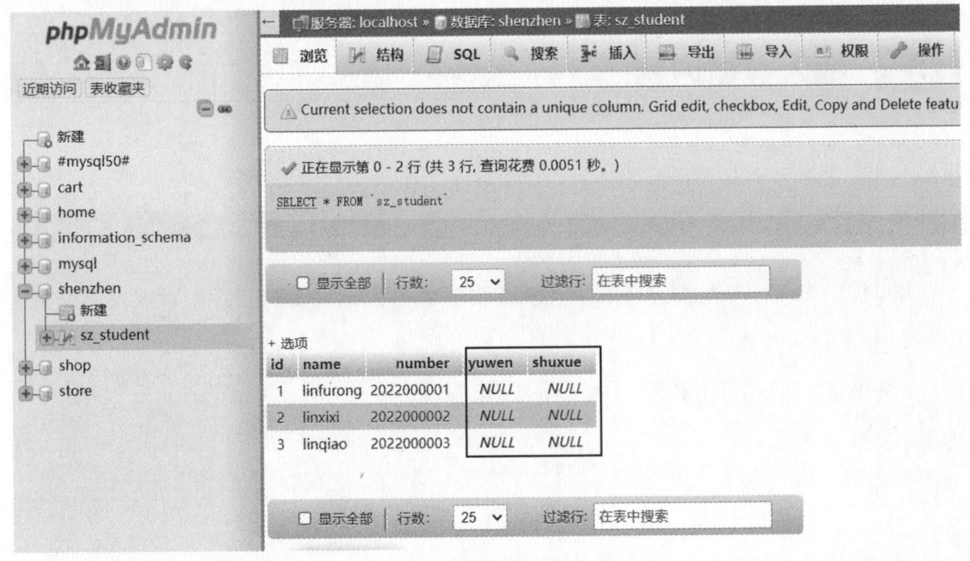

图 6-2

步骤 3 ▶▶ 进入 MySQL 命令模式，输入命令：

```
show full columns from sz_student;
```

按 Enter 键后，显示数据表 sz_student 的所有数据字段，其中包括数据字段 yuwen 和 shuxue，进一步说明使用 MySQL 命令可以插入数据字段，如图 6-3 所示。

```
MySQL Command Line Client
mysql> show full columns from sz_student;
+--------+-------------+-----------------+------+-----+---------+-------+--------------------------------
----+---------+
| Field  | Type        | Collation       | Null | Key | Default | Extra | Privileges
    | Comment |
+--------+-------------+-----------------+------+-----+---------+-------+--------------------------------
----+---------+
| id     | int(11)     | NULL            | YES  |     | NULL    |       | select,insert,update,referen
ces |         |
| name   | varchar(32) | utf8_general_ci | YES  |     | NULL    |       | select,insert,update,referen
ces |         |
| number | int(11)     | NULL            | YES  |     | NULL    |       | select,insert,update,referen
ces |         |
| yuwen  | int(11)     | NULL            | YES  |     | NULL    |       | select,insert,update,referen
ces |         |
| shuxue | int(11)     | NULL            | YES  |     | NULL    |       | select,insert,update,referen
ces |         |
+--------+-------------+-----------------+------+-----+---------+-------+--------------------------------
----+---------+
5 rows in set (0.00 sec)

mysql>
```

图 6-3

6.2 插入数据内容

• 语 法 •

```
update 数据表 set 数据字段 1= 数据内容 1, 数据字段 2= 数据内容 2 where 数据字段 3= 数据内容 3;
insert into 数据表 ( 数据字段 ) VALUES( 数据内容 );
```

在数据表 sz_student 中，数据字段 yuwen 和 shuxue 的数据内容均为 NULL。假设三名学生的语文成绩和数学成绩如表 6-1 所示。最近新转来一名学生 lixixi，学号为 2022000004，语文成绩和数学成绩如表 6-2 所示。如何使用 MySQL 命令存储这些学生的语文成绩和数学成绩呢?

表 6-1 学生的语文成绩和数学成绩

姓　名	语文成绩	数学成绩
linfurong	99	97
linxixi	88	92
linqiao	92	86

表 6-2 lixixi 的语文成绩和数学成绩

姓　名	语文成绩	数学成绩
lixixi	89	92

步骤 1 ▶▶ 插入新学生 lixixi 的数据内容。进入 MySQL 命令模式，输入命令：

```
use shenzhen;
```

步骤 2 ▶▶ 按 Enter 键后，输入命令：

```
insert into sz_student(id,name,number,yuwen,shuxue) VALUES('4', 'lixixi', '2022000004', '89', '92');
```

按 Enter 键后，显示：

```
Query OK, 1 row affected (0.07 sec)
```

表示成功插入学生 lixixi 的数据内容，如图 6-4 所示。

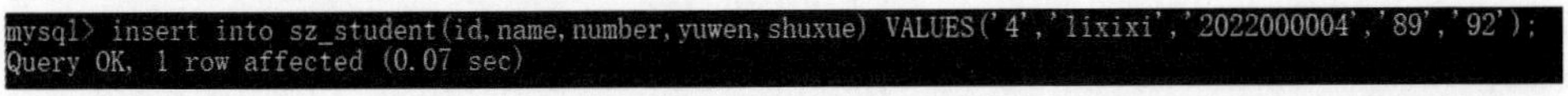

```
mysql> insert into sz_student(id,name,number,yuwen,shuxue) VALUES('4','lixixi','2022000004','89','92');
Query OK, 1 row affected (0.07 sec)
```

图 6-4

步骤 3 ▶▶ 使用 phpMyAdmin 软件，验证学生 lixixi 的数据内容是否已经存在。按 F5 键进行刷新，显示已存在学生 lixixi 的数据内容，如图 6-5 所示。

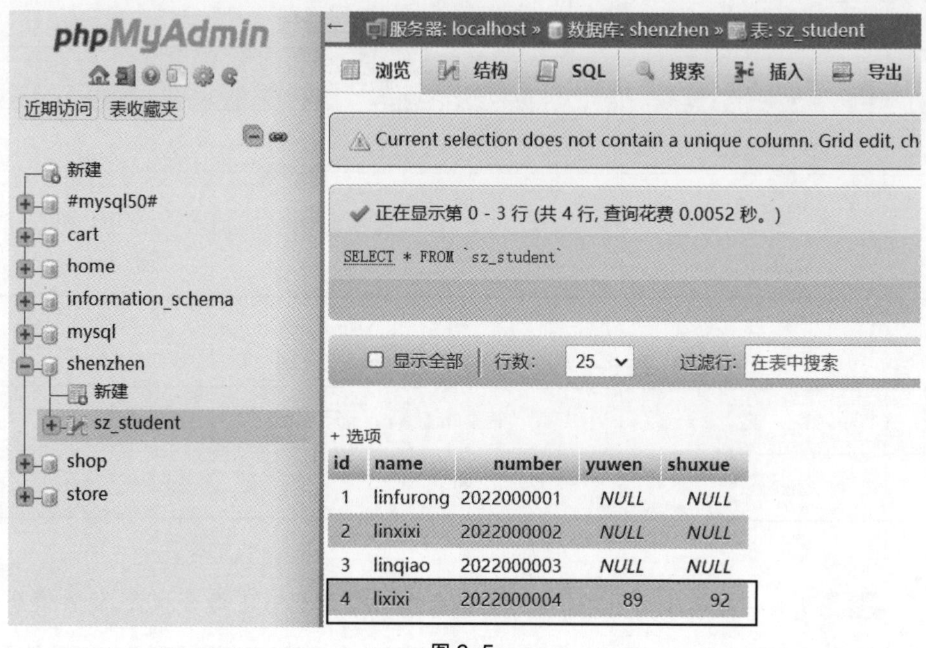

图 6-5

步骤 4 ▶▶ 更新数据字段 name 为 linfurong 的数据内容。如图 6-6 所示，进入 MySQL 命令模式，输入命令：

```
update sz_student set yuwen=99,shuxue=97 where name='linfurong';
```

按 Enter 键后，显示：

```
Query OK, 1 row affected (0.03 sec)
Rows matched: 1 Changed: 1 Warnings: 0
```

表示数据内容更新成功。

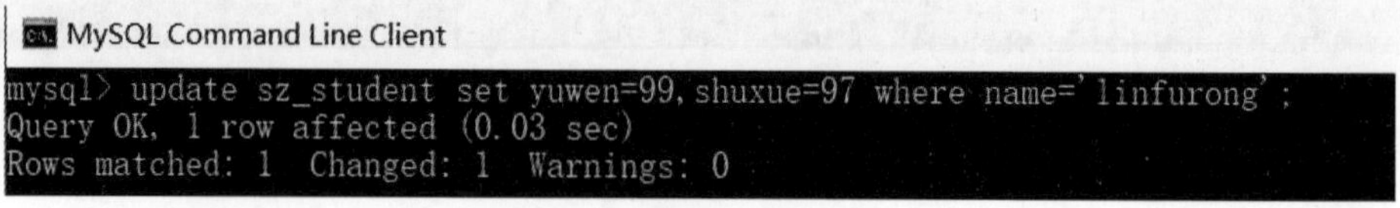

MySQL Command Line Client

```
mysql> update sz_student set yuwen=99,shuxue=97 where name='linfurong';
Query OK, 1 row affected (0.03 sec)
Rows matched: 1  Changed: 1  Warnings: 0
```

图 6-6

步骤 5 ▶▶ 使用 phpMyAdmin 软件，验证数据字段 name 为 linfurong 的数据内容是否已经更新。按 F5 键进行刷新，数据字段 name 为 linfurong 的数据内容已经更新，如图 6-7 所示。

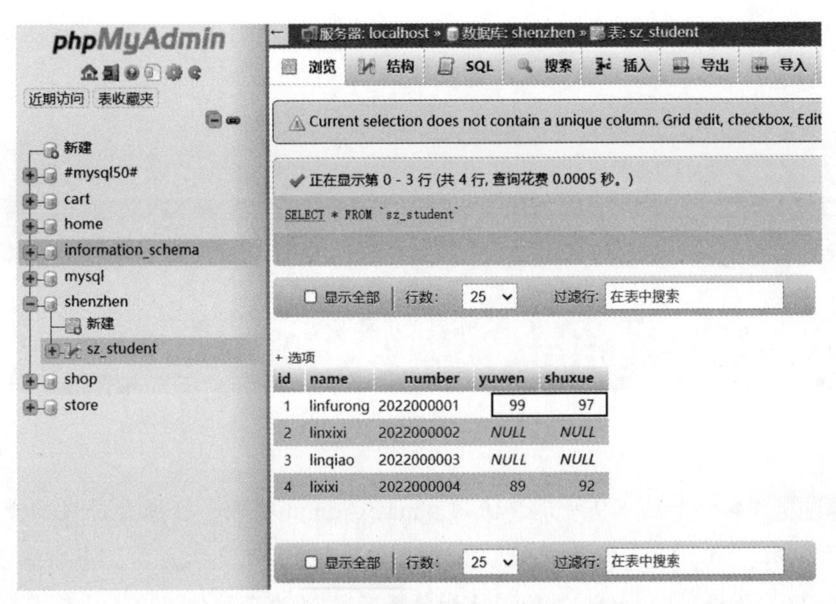

图 6-7

步骤 6 ▶▶ 更新数据字段 name 为 linxixi 和数据字段 id 为 3 的数据内容。进入 MySQL 命令模式，输入命令：

```
use shenzhen;
```

按 Enter 键后，输入命令：

```
update sz_student set yuwen=88,shuxue=92 where name='linxixi';
```

按 Enter 键后，显示：

```
Query OK, 1 row affected (0.07 sec)
Rows matched: 1 Changed: 1 Warnings: 0
```

输入命令：

```
update sz_student set yuwen=92,shuxue=86 where id=3;
```

按 Enter 键后，显示：

```
Query OK, 1 row affected (0.08 sec)
Rows matched: 1 Changed: 1 Warnings: 0
```

表示数据字段 name 为 linxixi 和数据字段 id 为 3 的数据内容更新成功，如图 6-8 所示。

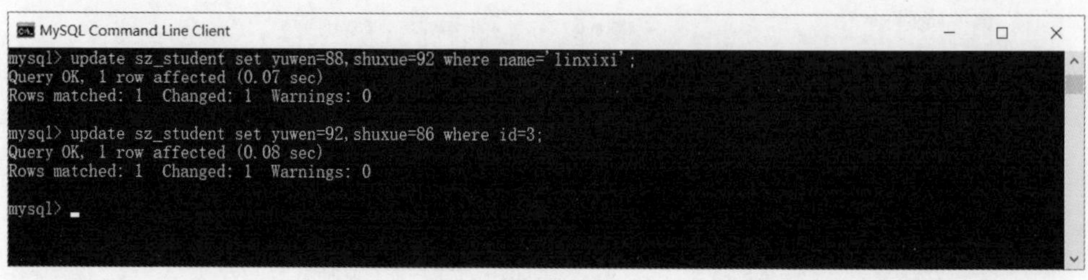

图 6-8

步骤 7 ▶▶ 如图 6-9 所示，使用 phpMyAdmin 软件，验证是否成功更新数据内容。打开 phpMyAdmin 软件的管理页面，按 F5 键刷新页面。在数据表 sz_student 中，数据字段 name 为 linxixi 和数据字段 id 为 3 的数据内容已经更新。

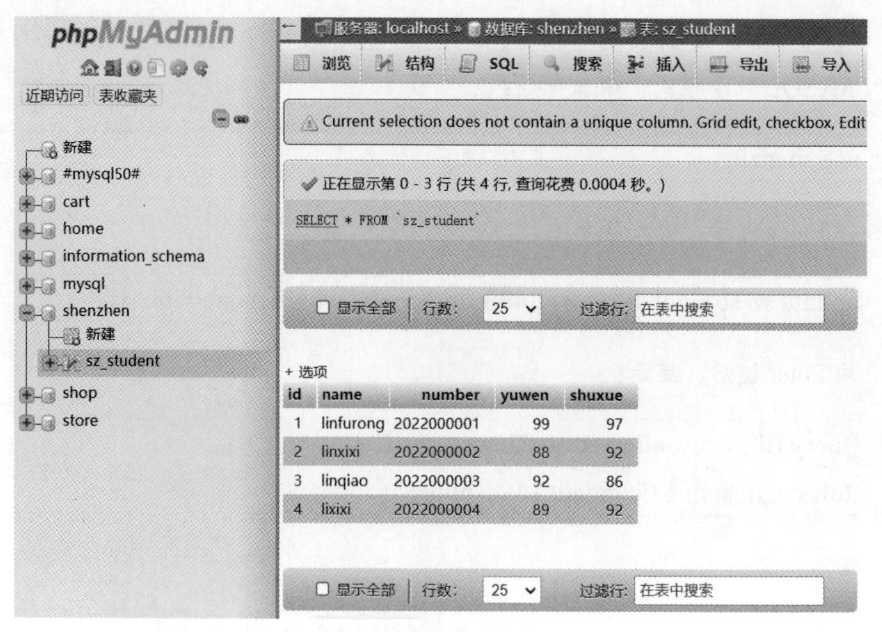

图 6-9

步骤 8 ▶▶ 使用 MySQL 命令验证数据内容是否已经成功更新。如图 6-10 所示，进入 MySQL 命令模式，输入命令：

```
select * from sz_student;
```

按 Enter 键后，显示数据表 sz_student 所有的数据内容，这些数据内容已经成功更新。

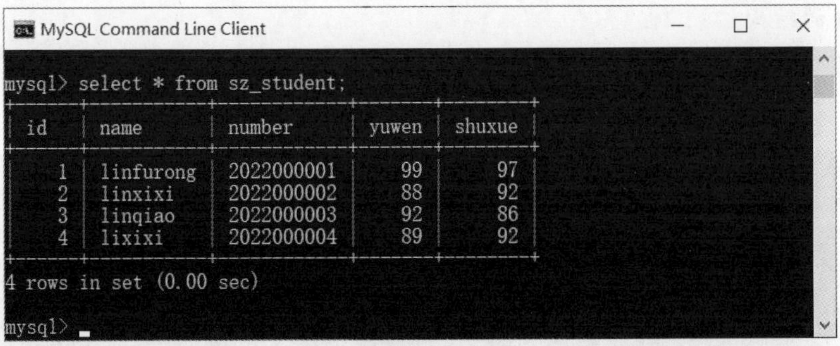

```
MySQL Command Line Client
mysql> select * from sz_student;
+----+-----------+------------+-------+--------+
| id | name      | number     | yuwen | shuxue |
+----+-----------+------------+-------+--------+
|  1 | linfurong | 2022000001 |    99 |     97 |
|  2 | linxixi   | 2022000002 |    88 |     92 |
|  3 | linqiao   | 2022000003 |    92 |     86 |
|  4 | lixixi    | 2022000004 |    89 |     92 |
+----+-----------+------------+-------+--------+
4 rows in set (0.00 sec)

mysql>
```

图 6-10

6.3 复制数据表

• 语 法 •

```
create table 创建的数据表 like 数据库 . 被复制的数据表 ;
```

数据表 sz_student 存储了深圳某学校的学生数据。现在，该学校在北京创立了分校，需要创建一个名为 bj_student 的数据表，用于存储北京学生的数据，该数据表与 sz_student 的结构相同。如何使用 MySQL 命令实现上面的需求？

步骤 1 ▶▶ 创建一个数据表 bj_student，并复制数据表 sz_student。如图 6-11 所示，进入 MySQL 命令模式，输入命令：

```
use shenzhen;
```

步骤 2 ▶▶ 按 Enter 键后，输入命令：

```
create table bj_student like shenzhen.sz_student;
```

按 Enter 键后，显示：

```
Query OK, 0 rows affected (0.36 sec)
```

表示成功创建数据表 bj_student。数据表 bj_student 成功复制数据表 sz_student 的结构。

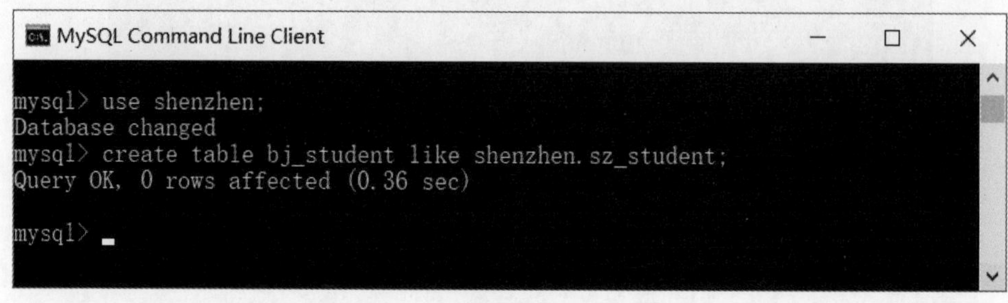

图 6-11

步骤 3 ▶▶ 如图 6-12 所示，使用 phpMyAdmin 软件验证数据表 bj_student 的结构是否已经存在。打开 phpMyAdmin 软件，按 F5 键进行刷新，显示数据表 bj_student 的数据字段，这些数据字段与数据表 sz_student 的数据字段完全相同。

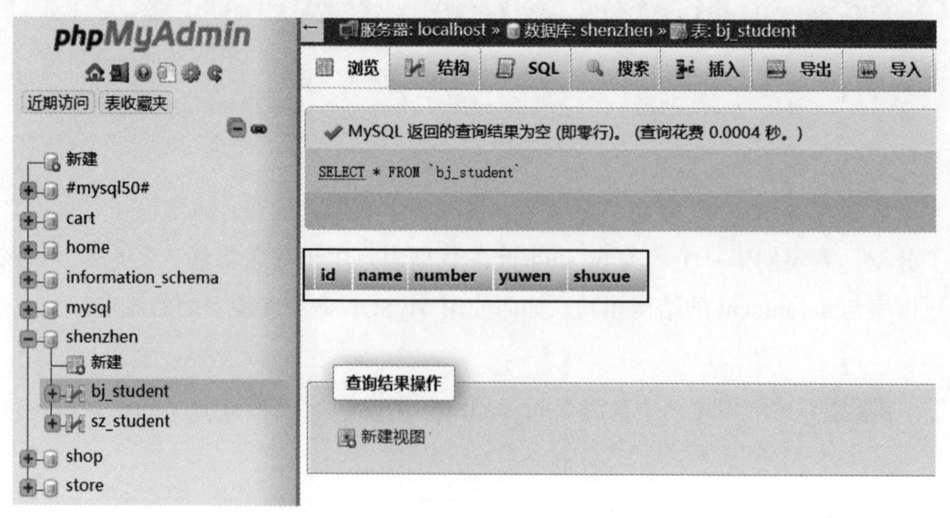

图 6-12

步骤 4 ▶▶ 如图 6-13 所示，使用 MySQL 命令验证数据表 bj_student 是否成功复制数据表 sz_student 的数据字段。进入 MySQL 命令模式，输入命令：

```
show full columns from bj_student;
```

按 Enter 键后，显示数据表 bj_student 的数据字段。数据表 bj_student 的数据字段与 sz_student 的数据字段一致。

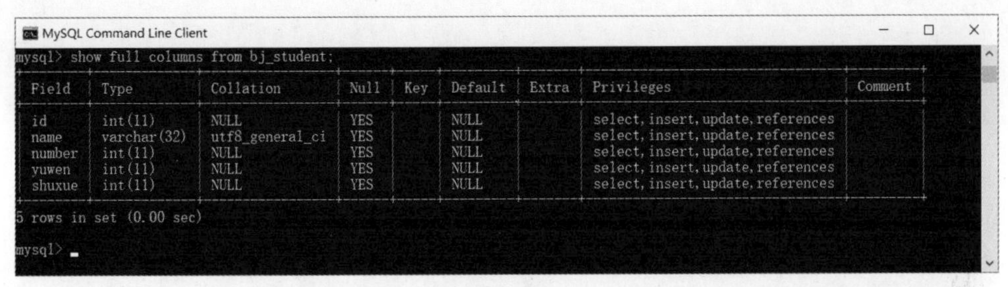

Field	Type	Collation	Null	Key	Default	Extra	Privileges	Comment
id	int(11)	NULL	YES		NULL		select,insert,update,references	
name	varchar(32)	utf8_general_ci	YES		NULL		select,insert,update,references	
number	int(11)	NULL	YES		NULL		select,insert,update,references	
yuwen	int(11)	NULL	YES		NULL		select,insert,update,references	
shuxue	int(11)	NULL	YES		NULL		select,insert,update,references	

图 6-13

第7章

数据库修改语句

本章要点

- 学习如何修改数据库、数据表、数据字段的名称。
- 学习如何修改数据内容。

7.1 修改数据库的名称

语法

```
rename database 旧数据库名 to 新数据库名;
```

在 Windows 系统下，修改数据库的名称非常容易，只需选定要修改的数据库文件夹，单击鼠标右键，在弹出的菜单中选择“重命名”菜单命令，即可修改数据库的名称，如图 7-1 所示。那么在 phpMyAdmin 软件中，如何修改数据库的名称呢？

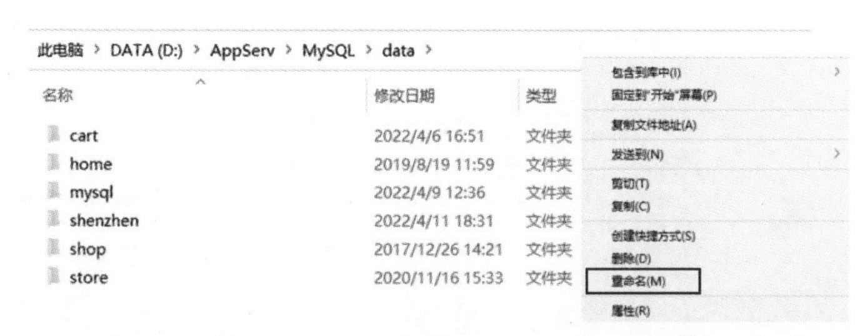

图 7-1

步骤 1 ▶▶ 进入 MySQL 命令模式，输入命令：

```
show databases;
```

按 Enter 键后，显示所有的数据库，如 7-2 所示。现在想将数据库 shenzhen 的名称修改为 zhuhai。

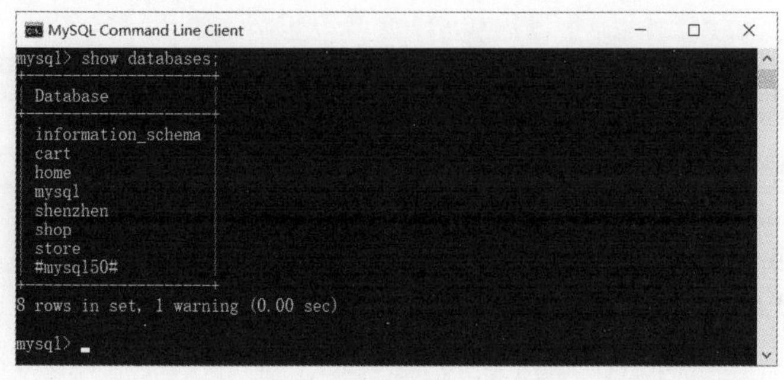

图 7-2

步骤 2 ▶▶ 创建数据库 zhuhai，如图 7-3 所示。

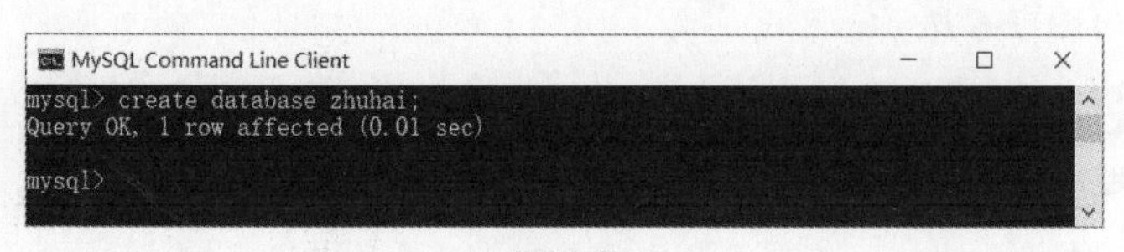

图 7-3

步骤 3 ▶▶ 如图 7-4 所示，打开 phpMyAdmin 软件的管理页面，在左侧的菜单面板中选择“shenzhen”菜单命令。数据库 shenzhen 包括数据表 bj_student 和 sz_student。在左侧的菜单面板中选择“zhuhai”菜单命令。数据库 zhuhai 中没有数据表。

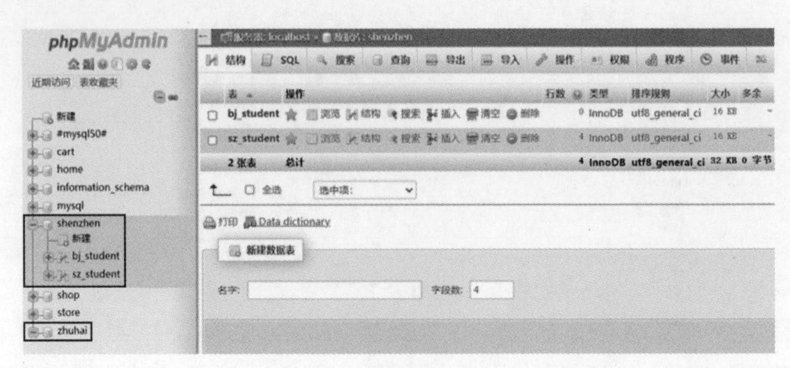

图 7-4

步骤 4 ▶▶ 需要把数据库 shenzhen 的所有数据表复制到数据库 zhuhai 中。在左侧的菜单面板中选择“shenzhen”菜单命令，单击工作面板上方的“导出”按钮，在“导出方式”选区中选择“快速 - 显示最少的选项”单选按钮，在“格式”下拉列表中选择“SQL”选项，如图 7-5 所示。

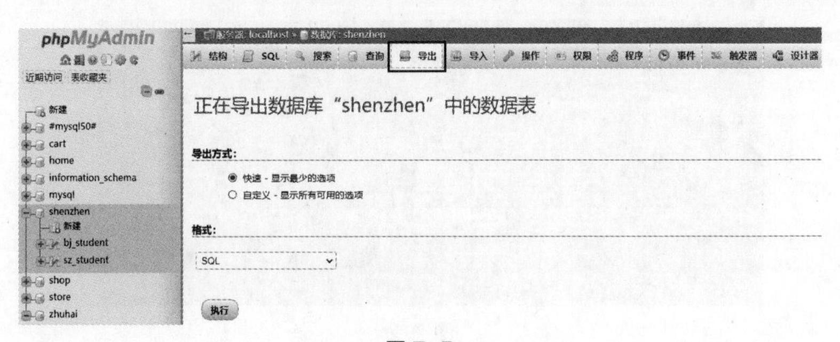

图 7-5

步骤 5 ▶▶ 单击“执行”按钮后，可成功导出数据库 shenzhen，即“shenzhen.sql”文件，如图 7-6 所示。

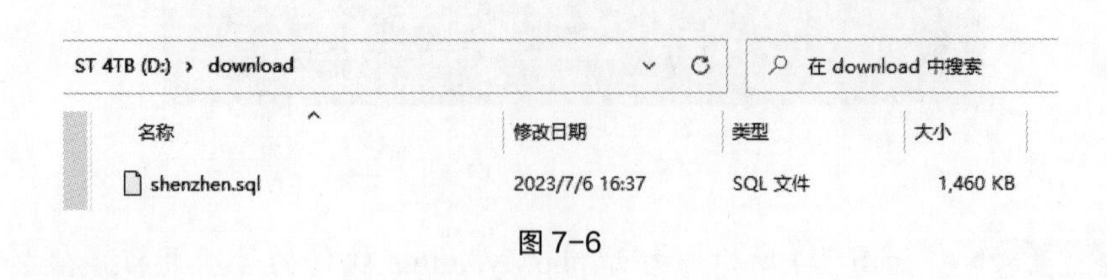

图 7-6

步骤 6 ▶▶ 如图 7-7 所示，在左侧的菜单面板中选择“zhuhai”菜单命令，单击工作面板上方的“导入”按钮，单击“要导入的文件”选区中的“选择文件”按钮，选择刚导出的“shenzhen.sql”文件，单击“执行”按钮。

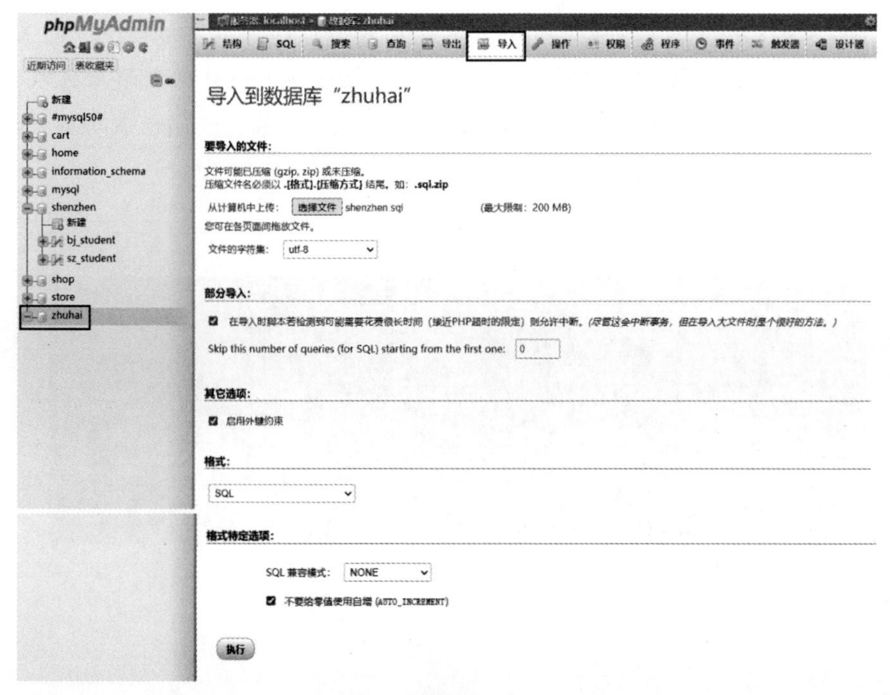

图 7-7

步骤 7 ▶▶ 如图 7-8 所示，单击“执行”按钮后，显示导入成功。在左侧的菜单面板中选择“zhuhai”菜单命令，数据库 zhuhai 中包含数据表 bj_student 和 sz_student。至此，数据库 zhuhai 和数据库 shenzhen 的数据内容已完全一致。

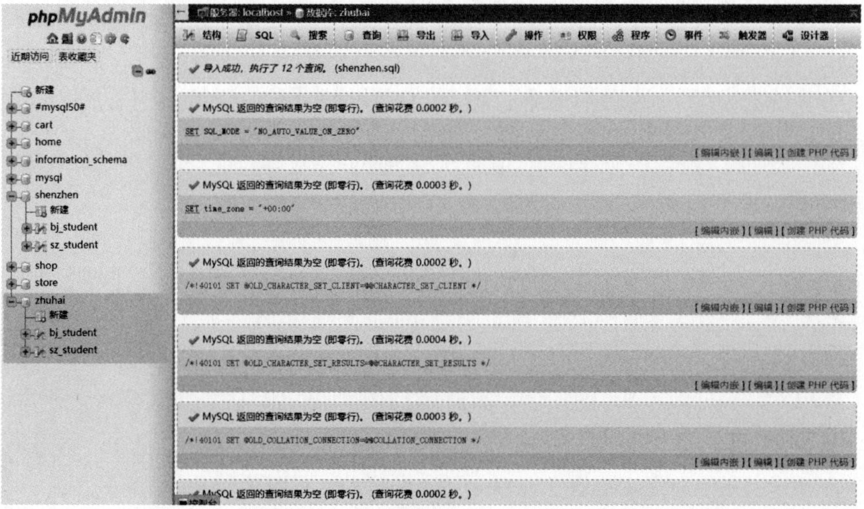

图 7-8

步骤 8 ▶▶ 使用 MySQL 命令验证是否成功修改数据库 shenzhen 的名称。如图 7-9 所示，在 MySQL 命令模式下，查看数据库 zhuhai 包含的数据表。此时数据库 zhuhai 包括 bj_student 和 sz_student 两张数据表，说明已成功将数据库 shenzhen 的名称修改为 zhuhai。

```
MySQL Command Line Client
mysql> use zhuhai;
Database changed
mysql> show tables;
+------------------+
| Tables_in_zhuhai |
+------------------+
| bj_student       |
| sz_student       |
+------------------+
2 rows in set (0.00 sec)
```

图 7-9

7.2 修改数据表的名称

• 语 法 •

```
rename table 数据表 to 新的数据表;
```

某学校的北京分校取消营业，改为在广州开分校，北京分校的学生都会去广州分校上学，这需要将北京分校的数据表 bj_student 改名为广州分校的数据表 gz_student。

步骤 1 ▶▶ 如图 7-10 所示，进入 MySQL 命令模式，输入命令：

```
use shenzhen;
```

按 Enter 键，显示：

```
Database changed
```

表示当前正在使用数据库 shenzhen。

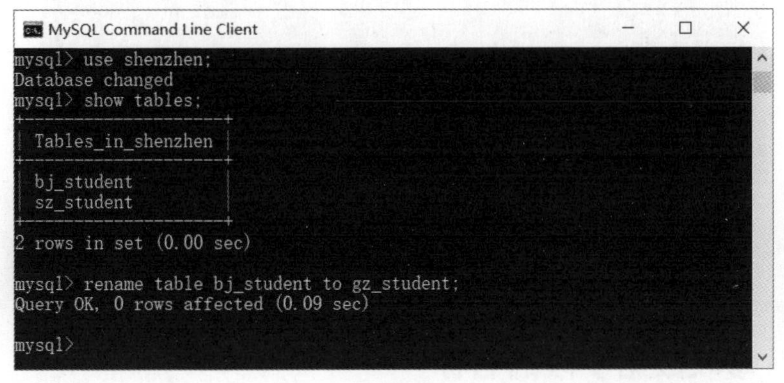

图 7-10

步骤 2 ▶▶ 输入命令：

```
show tables;
```

按 Enter 键，显示数据库 shenzhen 的所有数据表，包括 bj_student 和 sz_student。

步骤 3 ▶▶ 现在需要将数据表 bj_student 的名称修改为 gz_student。输入命令：

```
rename table bj_student to gz_student;
```

按 Enter 键，显示：

```
Query OK, 0 rows affected (0.09 sec)
```

表示数据表 bj_student 的名称修改成功。

步骤 4 ▶▶ 验证数据表 bj_student 的名称是否成功修改为 gz_student。如图 7-11 所示，输入命令：

```
show tables;
```

按 Enter 键后，显示存在数据表 gz_student，说明数据表 bj_student 的名称成功修改为 gz_student。

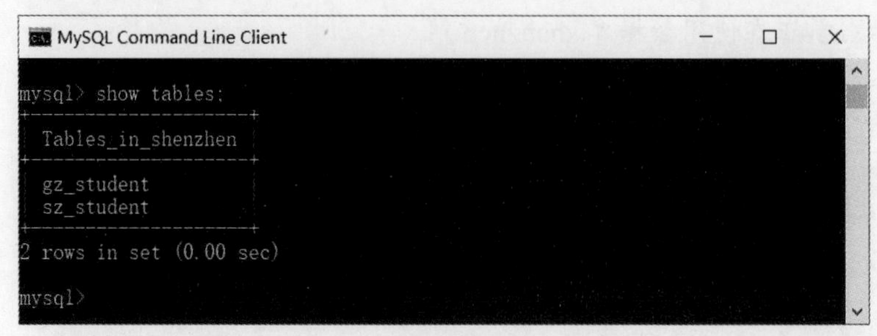

图 7-11

7.3 修改数据字段的名称

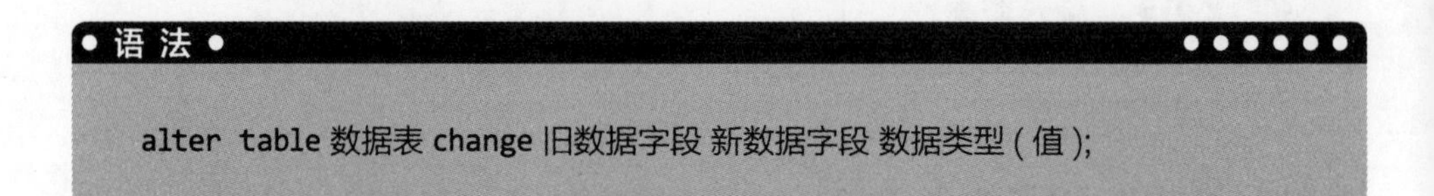

语 法

```
alter table 数据表 change 旧数据字段 新数据字段 数据类型 ( 值 );
```

如图 7-12 所示，如何将数据字段 yuwen 的名称改为 yingyu 呢？

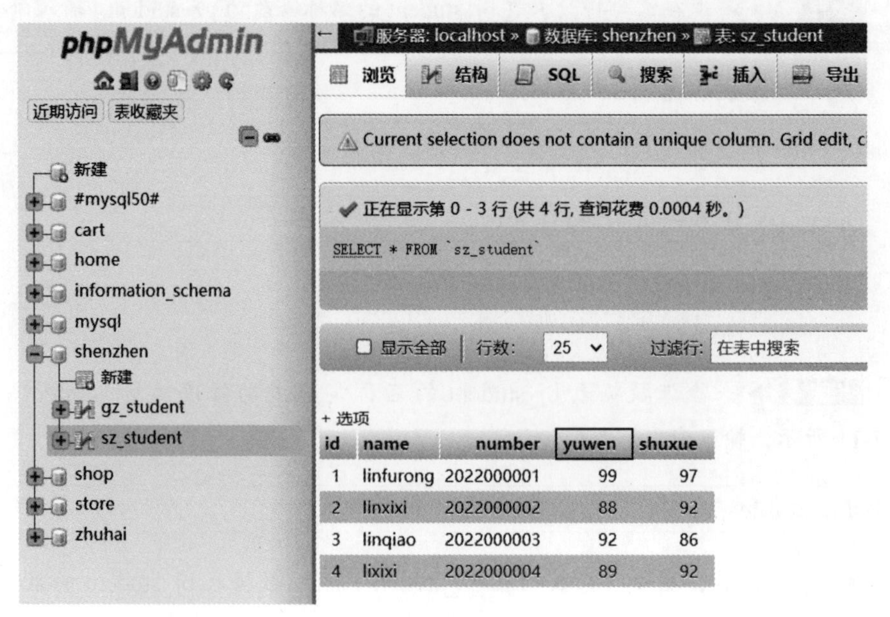

id	name	number	yuwen	shuxue
1	linfurong	2022000001	99	97
2	linxixi	2022000002	88	92
3	linqiao	2022000003	92	86
4	lixixi	2022000004	89	92

图 7-12

步骤 1 ▶▶ 进入 MySQL 命令模式，输入命令：

```
select * from sz_student;
```

按 Enter 键后，显示数据表 sz_student 的所有数据字段和数据内容，如图 7-13 所示。

```
MySQL Command Line Client
mysql> select * from sz_student;
+----+-----------+------------+-------+--------+
| id | name      | number     | yuwen | shuxue |
+----+-----------+------------+-------+--------+
|  1 | linfurong | 2022000001 |    99 |     97 |
|  2 | linxixi   | 2022000002 |    88 |     92 |
|  3 | linqiao   | 2022000003 |    92 |     86 |
|  4 | lixixi    | 2022000004 |    89 |     92 |
+----+-----------+------------+-------+--------+
4 rows in set (0.00 sec)

mysql>
```

图 7-13

步骤 2 ▶▶ 现在需要将数据字段 yuwen 的名称改为 yingyu。如图 7-14 所示，输入命令：

```
alter table sz_student change yuwen yingyu int(11);
```

按 Enter 键后，显示：

```
Query OK, 0 rows affected (0.19 sec)
Records: 0 Duplicates: 0 Warnings: 0
```

表示成功将数据字段 yuwen 的名称改为 yingyu。

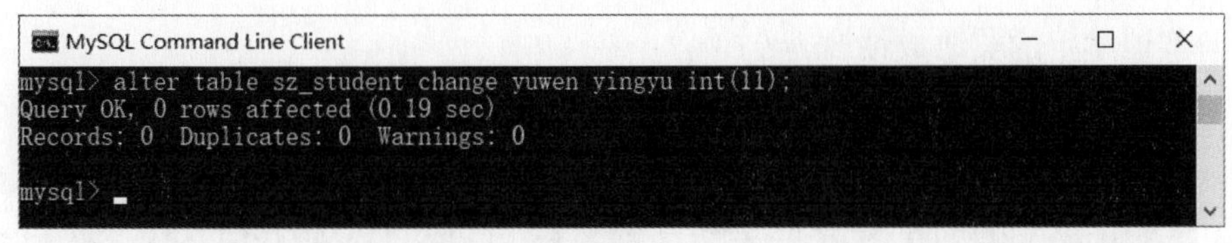

图 7-14

步骤 3 ▶▶ 验证数据字段 yuwen 的名称是否成功修改为 yingyu。如图 7-15 所示，输入命令：

```
select * from sz_student;
```

按 Enter 键后，不存在原先的数据字段 yuwen，存在数据字段 yingyu，说明数据字段 yuwen 的名称成功修改为 yingyu。

```
MySQL Command Line Client
mysql>  select * from sz_student;
+----+-----------+------------+--------+--------+
| id | name      | number     | yingyu | shuxue |
+----+-----------+------------+--------+--------+
|  1 | linfurong | 2022000001 |     99 |     97 |
|  2 | linxixi   | 2022000002 |     88 |     92 |
|  3 | linqiao   | 2022000003 |     92 |     86 |
|  4 | lixixi    | 2022000004 |     89 |     92 |
+----+-----------+------------+--------+--------+
4 rows in set (0.00 sec)

mysql>
```

图 7-15

7.4 修改数据内容

语 法

update 数据表 set 要修改的数据字段 = 修改后的数据内容 where 数据字段 = 数据内容；

备注：修改哪一行的数据内容是根据 where 后面的条件决定的。

如图 7-16 所示，学生 linfurong 的学号为 2022000001，英语成绩为 99 分。如何将该学生的英语成绩改为 97 呢？

```
MySQL Command Line Client
mysql>  select * from sz_student;
+----+-----------+------------+--------+--------+
| id | name      | number     | yingyu | shuxue |
+----+-----------+------------+--------+--------+
|  1 | linfurong | 2022000001 |     99 |     97 |
|  2 | linxixi   | 2022000002 |     88 |     92 |
|  3 | linqiao   | 2022000003 |     92 |     86 |
|  4 | lixixi    | 2022000004 |     89 |     92 |
+----+-----------+------------+--------+--------+
4 rows in set (0.00 sec)

mysql>
```

图 7-16

步骤 1 ▶▶ 如图 7-17 所示，进入 MySQL 命令模式，输入命令：

```
update sz_student set yingyu=97 where number=2022000001;
```

按 Enter 键。

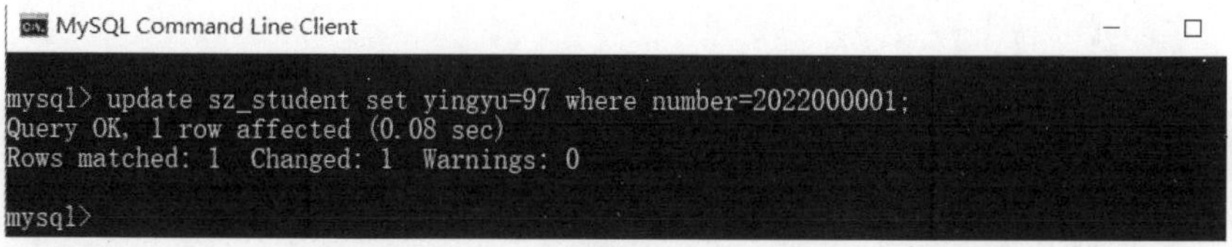

```
MySQL Command Line Client
mysql> update sz_student set yingyu=97 where number=2022000001;
Query OK, 1 row affected (0.08 sec)
Rows matched: 1  Changed: 1  Warnings: 0

mysql>
```

图 7-17

步骤 2 ▶▶ 验证数据内容是否修改成功。如图 7-18 所示，输入命令：

```
select * from sz_student;
```

按 Enter 键后，数据字段 number 为 2022000001 的学生的英语成绩从原来的 99 变为 97。

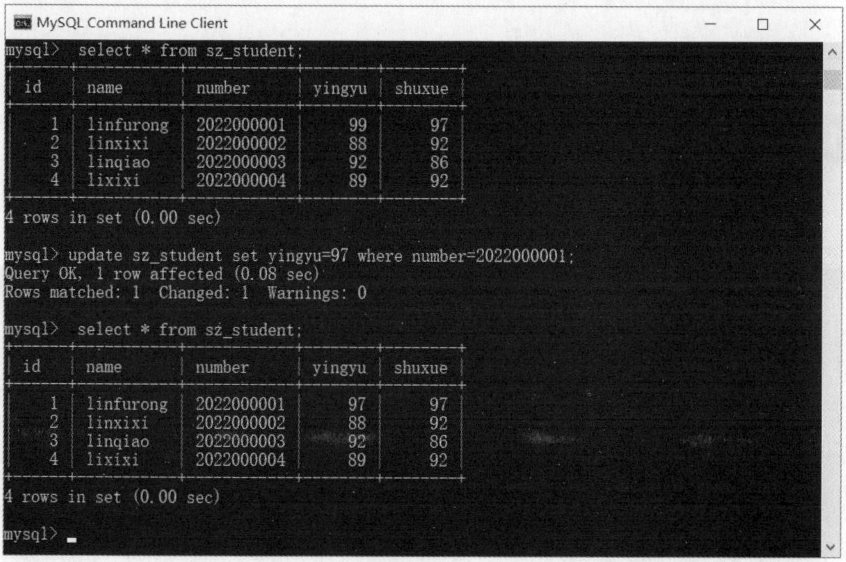

```
MySQL Command Line Client
mysql>  select * from sz_student;
+----+-----------+------------+--------+--------+
| id | name      | number     | yingyu | shuxue |
+----+-----------+------------+--------+--------+
|  1 | linfurong | 2022000001 |     99 |     97 |
|  2 | linxixi   | 2022000002 |     88 |     92 |
|  3 | linqiao   | 2022000003 |     92 |     86 |
|  4 | lixixi    | 2022000004 |     89 |     92 |
+----+-----------+------------+--------+--------+
4 rows in set (0.00 sec)

mysql> update sz_student set yingyu=97 where number=2022000001;
Query OK, 1 row affected (0.08 sec)
Rows matched: 1  Changed: 1  Warnings: 0

mysql>  select * from sz_student;
+----+-----------+------------+--------+--------+
| id | name      | number     | yingyu | shuxue |
+----+-----------+------------+--------+--------+
|  1 | linfurong | 2022000001 |     97 |     97 |
|  2 | linxixi   | 2022000002 |     88 |     92 |
|  3 | linqiao   | 2022000003 |     92 |     86 |
|  4 | lixixi    | 2022000004 |     89 |     92 |
+----+-----------+------------+--------+--------+
4 rows in set (0.00 sec)

mysql>
```

图 7-18

第 8 章

数据库删除语句

本章要点

- 学习如何删除数据内容。
- 学习如何删除数据字段。
- 学习如何删除数据表。
- 学习如何删除数据库。

8.1 删除数据内容

语 法

delete from 数据表 where 数据字段 = 数据内容 ;

示例: delete from sz_student where number=2022000004;

备注: 在数据表 sz_student 中，删除数据字段 number 为 2022000004 的数据内容。

如图 8-1 所示，数据表 sz_student 存储了 4 个学生的信息。由于学号为 2022000004 的学生已经转学，需要删除该学生的数据内容。

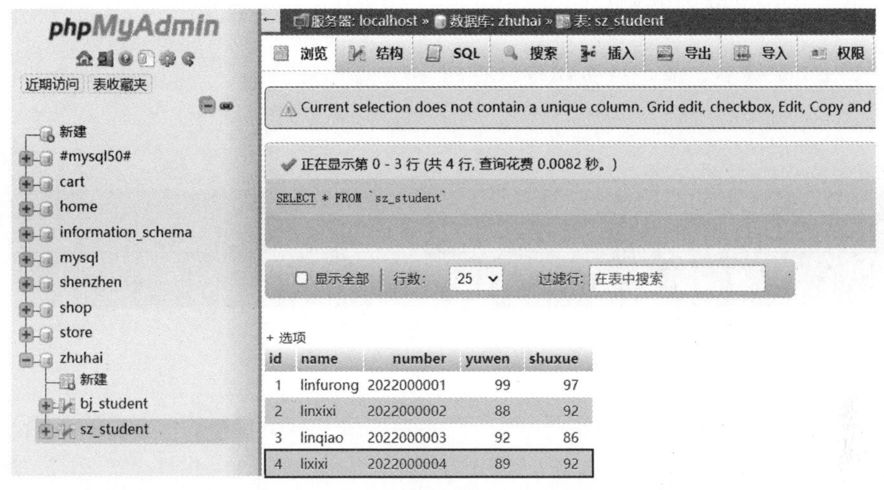

图 8-1

步骤 1 ▶▶ 如图 8-2 所示，进入 MySQL 命令模式，输入命令：

```
use zhuhai;
```

按 Enter 键后，输入命令：

```
select * from sz_student;
```

按 Enter 键后，显示数据表 sz_student 的所有数据内容，其中存在学号为 2022000004 的学生。

MySQL Command Line Client

```
mysql> use zhuhai;
Database changed
mysql> select * from sz_student;
+------+-----------+------------+-------+--------+
| id   | name      | number     | yuwen | shuxue |
+------+-----------+------------+-------+--------+
|    1 | linfurong | 2022000001 |    99 |     97 |
|    2 | linxixi   | 2022000002 |    88 |     92 |
|    3 | linqiao   | 2022000003 |    92 |     86 |
|    4 | lixixi    | 2022000004 |    89 |     92 |
+------+-----------+------------+-------+--------+
4 rows in set (0.01 sec)
```

图 8-2

步骤 2 ▶▶ 现在需要删除学号为 2022000004 的学生的数据内容。如图 8-3 所示，输入命令：

```
delete from sz_student where number=2022000004;
```

按 Enter 键后，显示成功删除数据内容。

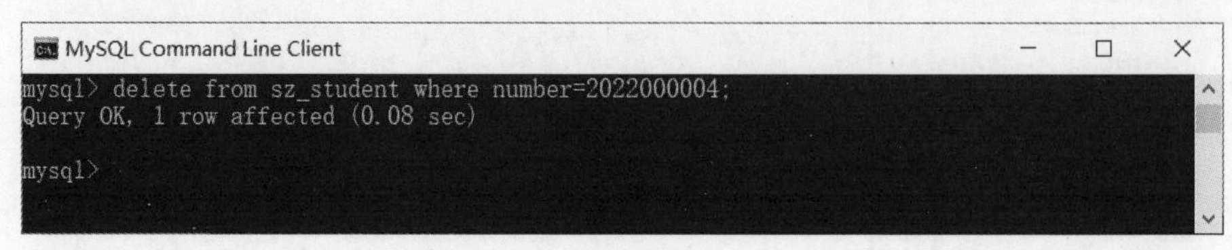

图 8-3

步骤 3 ▶▶ 使用 MySQL 命令，验证学号为 2022000004 的学生的数据内容是否成功被删除。如图 8-4 所示，输入命令：

```
select * from sz_student;
```

按 Enter 键后，数据表 sz_student 已不存在学号为 2022000004 的学生，这说明已将该学生的数据内容成功删除。

```
MySQL Command Line Client
mysql> select * from sz_student;
+----+-----------+------------+-------+--------+
| id | name      | number     | yuwen | shuxue |
+----+-----------+------------+-------+--------+
|  1 | linfurong | 2022000001 |    99 |     97 |
|  2 | linxixi   | 2022000002 |    88 |     92 |
|  3 | linqiao   | 2022000003 |    92 |     86 |
+----+-----------+------------+-------+--------+
3 rows in set (0.00 sec)

mysql>
```

图 8-4

步骤 4 ▶▶ 使用 phpMyAdmin 软件，验证学号为 2022000004 的学生的数据内容是否成功被删除。如图 8-5 所示，打开 phpMyAdmin 软件，在左侧的菜单面板中选择“zhuhai”→“sz_student”菜单命令，工作面板显示了数据表 sz_student 所有的数据内容，已不存在数据字段 number 为 2022000004 的数据内容。

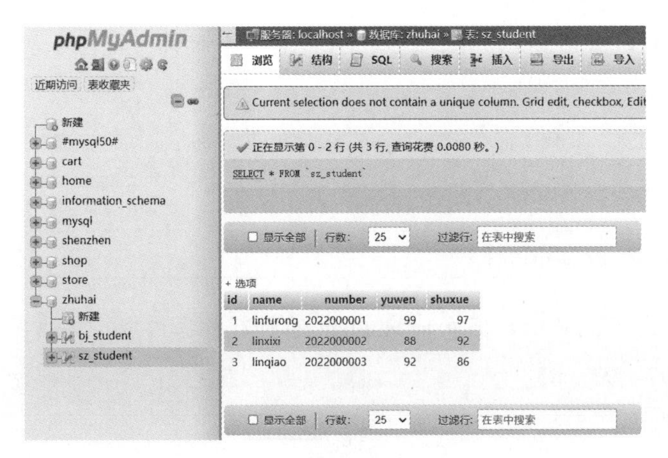

图 8-5

8.2 删除数据字段

● 语 法 ●

```
alter table 数据表 drop column 数据字段;
```

如图 8-6 所示，数据表 sz_student 中存在数据字段 shuxue，用于存储学生的数学成绩。现在，不需要存储数学成绩了，如何删除数据字段 shuxue 呢?

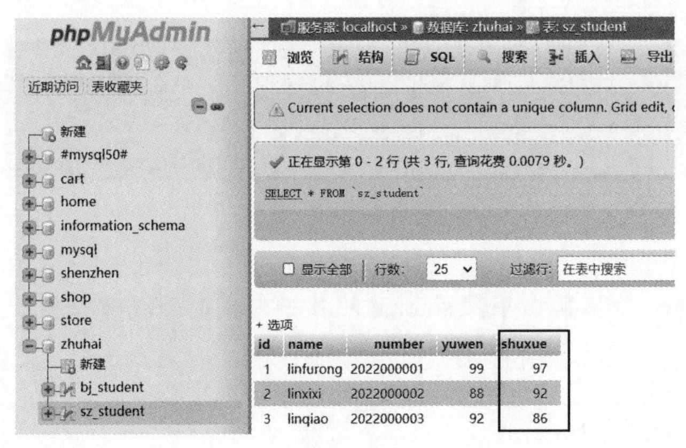

图 8-6

步骤 1 ▶▶ 如图 8-7 所示，进入 MySQL 命令模式，输入命令：

```
use zhuhai;
```

按 Enter 键后，输入命令：

```
select * from sz_student;
```

按 Enter 键后，显示数据表 sz_student 的所有数据内容。数据字段 shuxue 的数据内容为 97、92、86。

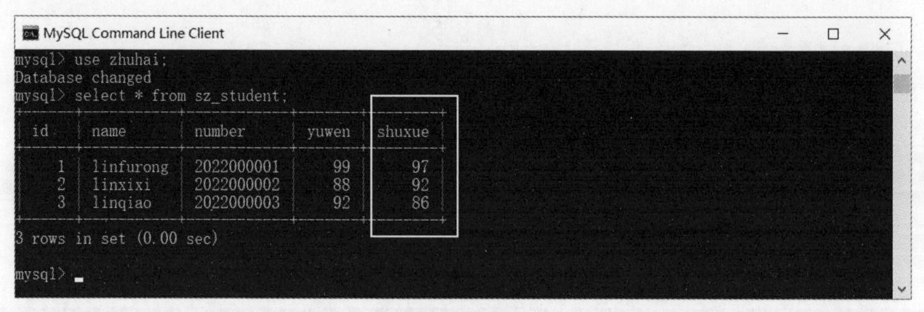

图 8-7

步骤 2 ▶▶ 如图 8-8 所示，输入命令：

```
alter table sz_student drop column shuxue;
```

按 Enter 键后，显示成功删除数据内容。

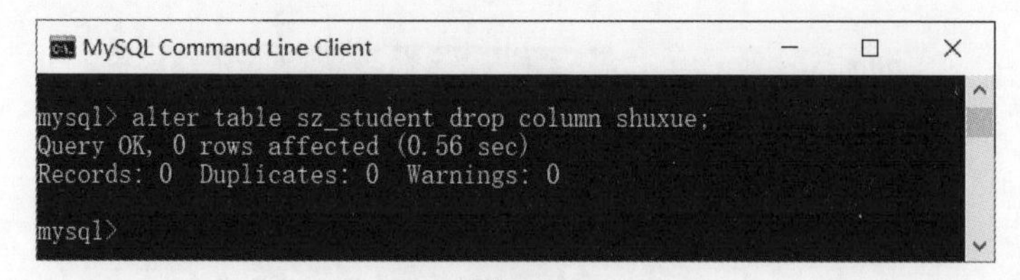

图 8-8

步骤 3 ▶▶ 验证数据字段 shuxue 的数据内容是否成功被删除。如图 8-9 所示，输入命令：

```
select * from sz_student;
```

按 Enter 键后，数据表 sz_student 已不包含数据字段 shuxue，这说明数据字段 shuxue 的数据内容删除成功。

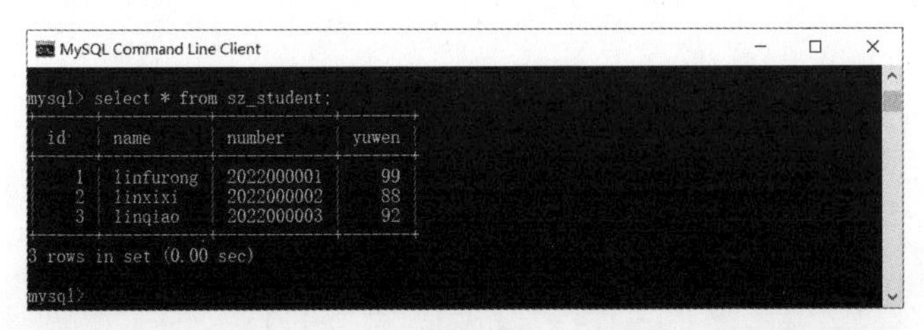

图 8-9

步骤 4 ▶▶ 使用 phpMyAdmin 软件，验证数据字段 shuxue 是否成功被删除。如图 8-10 所示，打开 phpMyAdmin 软件，在左侧的菜单面板中选择“zhuhai”→“sz_student”菜单命令。数据表 sz_student 不包含数据字段 shuxue，这说明数据字段 shuxue 的数据内容已成功被删除。

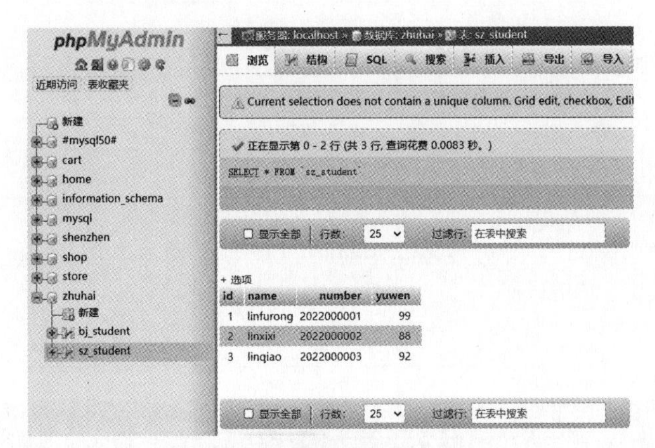

图 8-10

8.3 删除数据表

• 语 法 •

```
drop table 数据表;
```

如图 8-11 所示，已经不需要使用数据表 bj_student 了，如何删除该数据表呢？

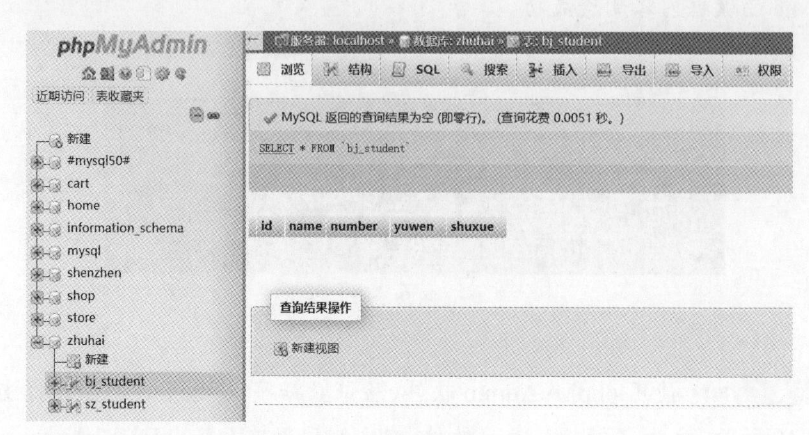

图 8-11

步骤 1 ▶▶ 如图 8-12 所示，进入 MySQL 命令模式，输入命令：

```
use zhuhai;
```

按 Enter 键后，输入命令：

```
show tables;
```

按 Enter 键后，显示数据库 zhuhai 的所有数据表，包括 bj_student 和 sz_student。

图 8-12

步骤 2 ▶▶ 删除数据表 bj_student。如图 8-13 所示，输入命令：

```
drop table bj_student;
```

按 Enter 键后，显示数据表 bj_student 删除成功。

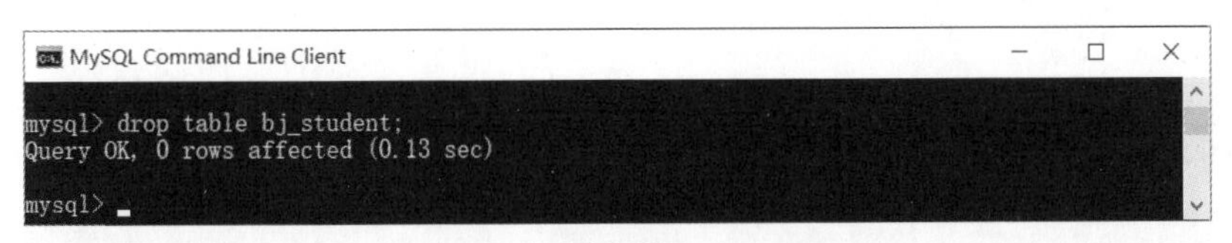

图 8-13

步骤 3 ▶▶ 验证数据表 bj_student 是否成功被删除。如图 8-14 所示，输入命令：

```
show tables;
```

按 Enter 键后，数据库 zhuhai 中不存在数据表 bj_student，这说明数据表 bj_student 已成功被删除。

图 8-14

步骤 4 ▶▶ 使用 phpMyAdmin 软件，验证数据表 bj_student 是否成功被删除。如图 8-15 所示，打开 phpMyAdmin 软件，在左侧的菜单面板中选择“zhuhai”菜单命令，数据库 zhuhai 中不存在数据表 bj_student，说明数据表 bj_student 删除成功。

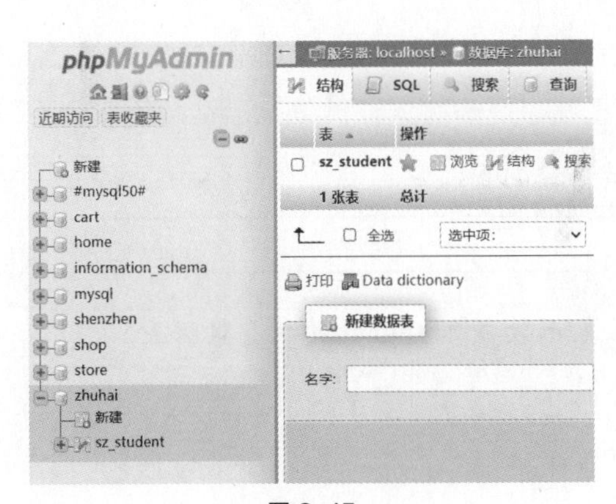

图 8-15

8.4 删除数据库

语法

```
drop database 数据库名;
```

图 8-16 中的数据库 zhuhai 已经没有用了，现在需要删除数据库 zhuhai，从而节省内存空间。

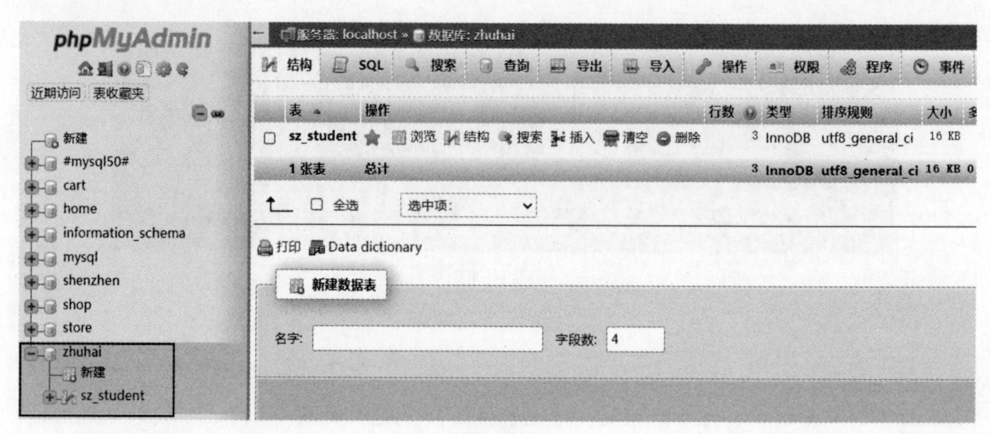

图 8-16

步骤 1 ▶▶ 如图 8-17 所示，进入 MySQL 命令模式，输入命令：

```
use zhuhai;
```

按 Enter 键后，输入命令：

```
show tables;
```

按 Enter 键后，显示数据库 zhuhai 的所有数据表。

图 8-17

步骤 2 ▶▶ 现在需要删除数据库 zhuhai。如图 8-18 所示，输入命令：

```
drop database zhuhai;
```

按 Enter 键后，显示成功删除数据库 zhuhai。

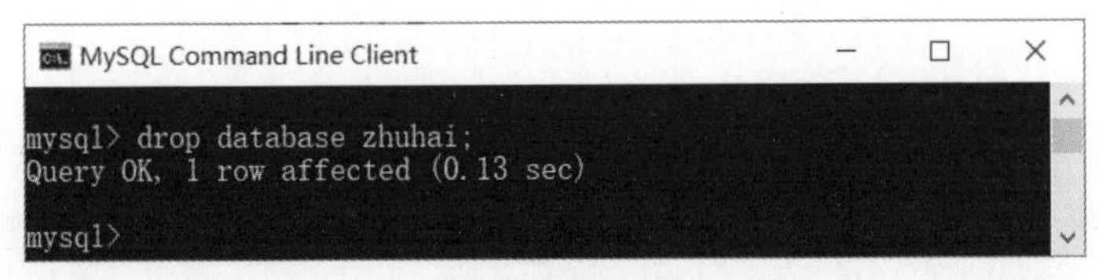

图 8-18

步骤 3 ▶▶ 使用 MySQL 命令，验证数据库 zhuhai 是否成功被删除。如图 8-19 所示，输入命令：

```
show databases;
```

按 Enter 键后，显示已不存在数据库 zhuhai，说明已成功删除数据库 zhuhai。

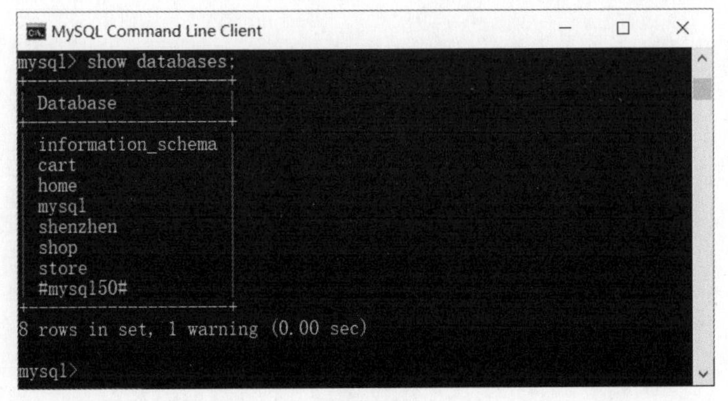

图 8-19

步骤 4 ▶▶ 使用 phpMyAdmin 软件，验证数据库 zhuhai 是否删除成功。如图 8-20 所示，打开 phpMyAdmin 软件，左侧的菜单面板中不存在数据库 zhuhai，说明数据库 zhuhai 已成功被删除。

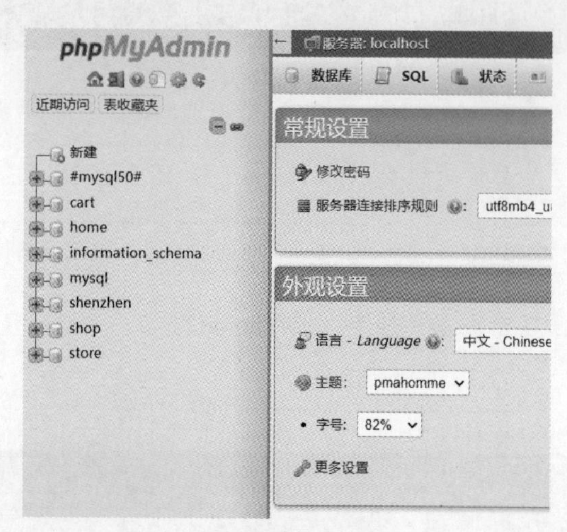

图 8-20

中高级篇

第 9 章

MySQL 关键字

本章要点

- 学习如何查询数据库的安装路径和编码方式。
- 学习如何使用 flush privileges 进行刷新。
- 学习通配符的用法。
- 学习关键字 limit、between、and、or、desc、asc、like、IN、primary key、select、as、not null、join、left join、right join、inner join、default 的用法。

9.1 查询数据库的安装路径和编码方式

语法

```
show variables like '%char%';
```

小提示

GBK、UTF-8 和 GB2312 都是编码方式。

- GBK：对中文字符进行编码，包括简体中文和繁体中文。
- UTF-8：最知名的编码方式之一。如果涉及多种语言，则建议选择 UTF-8。在使用数据库时，建议选择 UTF-8 进行编码。
- GB2312：只能对简体中文进行编码。在对其他类型的字符进行编码时，可能会出现乱码，无法显示正常的文字。

如图 9-1 所示，假设 AppServ 的安装路径为“D:\AppServ\MySQL\data”。如果忘记 AppServ 的安装路径，则如何找回正确的安装路径呢？又如何查看 MySQL 的编码方式呢？

此电脑 › DATA (D:) › AppServ › MySQL › data

名称	修改日期	类型	大小
cart	2022/4/6 16:51	文件夹	
home	2019/8/19 11:59	文件夹	
mysql	2022/4/9 12:36	文件夹	
shenzhen	2022/4/12 13:49	文件夹	
shop	2017/12/26 14:21	文件夹	
store	2020/11/16 15:33	文件夹	
其他数据库	2022/4/9 13:07	文件夹	

图 9-1

步骤 1 ▶▶ 如图 9-2 所示，进入 MySQL 命令模式，输入命令：

```
show variables like '%char%';
```

步骤 2 ▶▶ 按 Enter 键后，显示数据库的编码方式和安装路径。

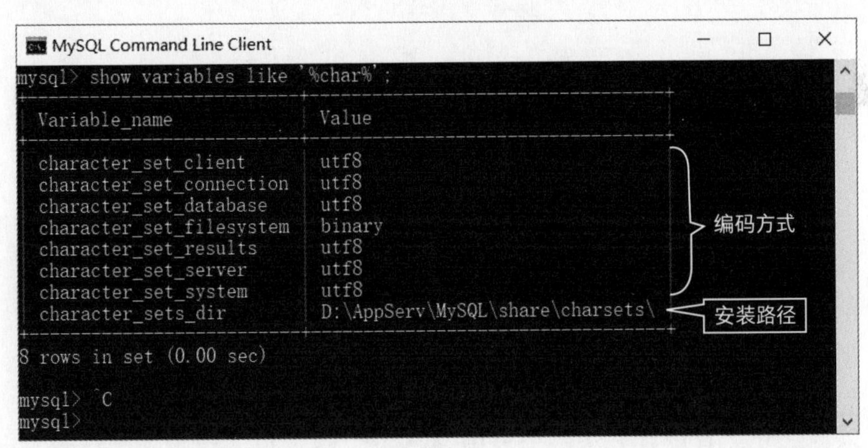

图 9-2

9.2 flush privileges

• 语 法 •

```
flush privileges;
```

备注：flush privileges 是指重新加载权限表，并更新权限，作用是将当前 user 表和 privilige 表中的用户信息和权限设置从 MySQL 的内置库提取到内存中。当修改 MySQL 的用户数据和权限后，有时需要重启 MySQL 服务才生效。如果不想重启 MySQL 服务，则需要执行 flush privileges。

数据库管理员将数据库的某个数据内容由 95 改为 83，但是在程序端，该数据仍然显示为 95，此时需要先停用 MySQL，再启用 MySQL，才会将该数据显示为 83。使用如图 9-3 所示的 MySQL Start 和 MySQL Stop 应用，可以启用和停用 MySQL。

图 9-3

除此之外，有没有方法不用停用 MySQL，也可以实现重新加载呢？进入 MySQL 命令模式，输入命令：

```
flush privileges;
```

按 Enter 键后，表示重新加载成功，如图 9-4 所示。

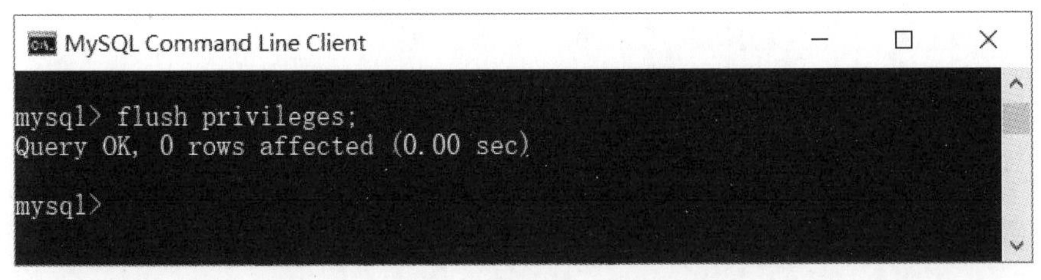

图 9-4

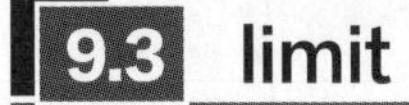 9.3 limit 

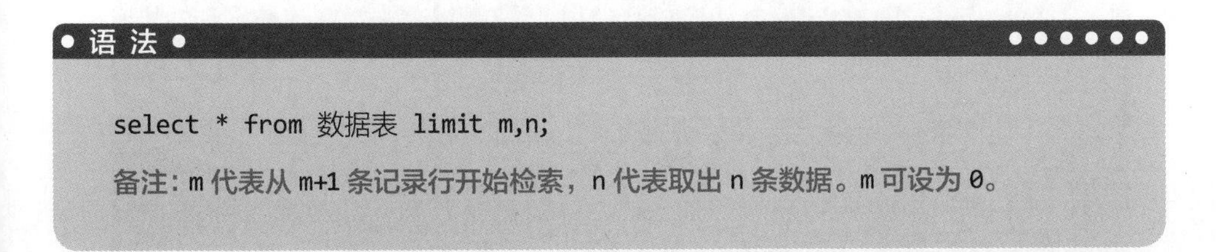

• 语 法 •

```
select * from 数据表 limit m,n;
```

备注：m 代表从 m+1 条记录行开始检索，n 代表取出 n 条数据。m 可设为 0。

如图 9-5 所示，目前数据表 sz_student 中有 4 条数据，是否可以屏蔽第一条数据，仅显示后面 3 条数据呢？或屏蔽最后一条数据，仅显示前面 3 条数据呢？

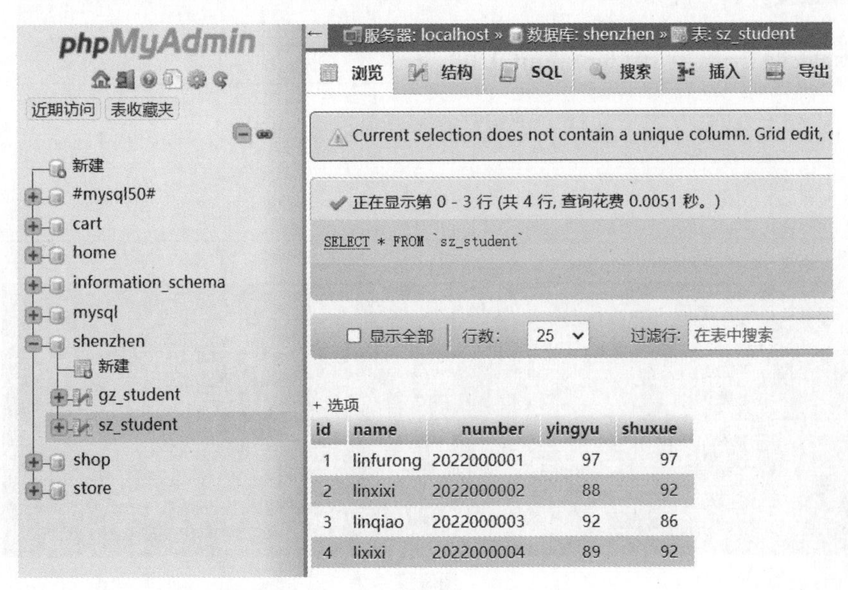

图 9-5

步骤 1 ▶▶ 进入 MySQL 命令模式，输入命令：

```
use shenzhen;
```

步骤 2 ▶▶ 按 Enter 键后，输入命令：

```
select * from sz_student;
```

按 Enter 键后，显示数据表 sz_student 的所有数据内容，共有 4 条数据内容，如图 9-6 所示。

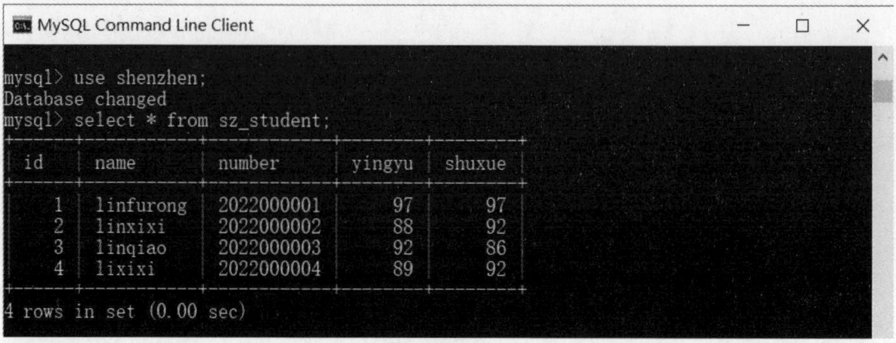

```
MySQL Command Line Client
mysql> use shenzhen;
Database changed
mysql> select * from sz_student;
+----+-----------+------------+--------+--------+
| id | name      | number     | yingyu | shuxue |
+----+-----------+------------+--------+--------+
|  1 | linfurong | 2022000001 |     97 |     97 |
|  2 | linxixi   | 2022000002 |     88 |     92 |
|  3 | linqiao   | 2022000003 |     92 |     86 |
|  4 | lixixi    | 2022000004 |     89 |     92 |
+----+-----------+------------+--------+--------+
4 rows in set (0.00 sec)
```

图 9-6

步骤 3 ▶▶ 输入命令：

```
select * from sz_student limit 0,3;
```

按 Enter 键后，显示数据表 sz_student 的部分数据内容，显示第 1 ~ 3 条数据，如图 9-7 所示。

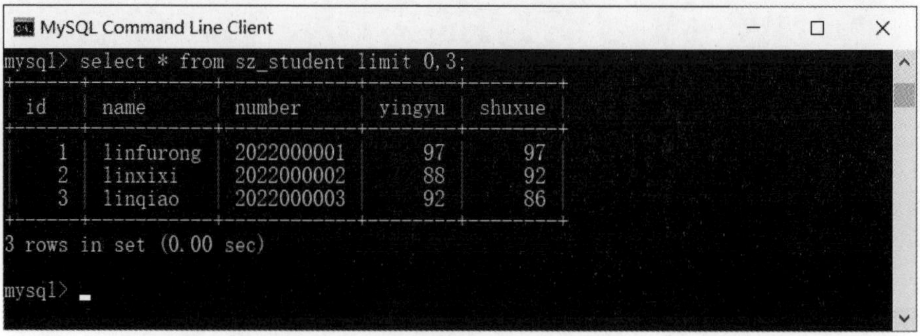

```
MySQL Command Line Client
mysql> select * from sz_student limit 0,3;
+----+-----------+------------+--------+--------+
| id | name      | number     | yingyu | shuxue |
+----+-----------+------------+--------+--------+
|  1 | linfurong | 2022000001 |     97 |     97 |
|  2 | linxixi   | 2022000002 |     88 |     92 |
|  3 | linqiao   | 2022000003 |     92 |     86 |
+----+-----------+------------+--------+--------+
3 rows in set (0.00 sec)

mysql>
```

图 9-7

步骤 4 ▶▶ 输入命令：

```
select * from sz_student limit 1,3;
```

按 Enter 键后，显示数据表 sz_student 的部分数据内容，显示第 2～4 条数据，如图 9-8 所示。

MySQL Command Line Client

```
mysql> select * from sz_student limit 1,3;
+----+---------+------------+--------+--------+
| id | name    | number     | yingyu | shuxue |
+----+---------+------------+--------+--------+
|  2 | linxixi | 2022000002 |     88 |     92 |
|  3 | linqiao | 2022000003 |     92 |     86 |
|  4 | lixixi  | 2022000004 |     89 |     92 |
+----+---------+------------+--------+--------+
3 rows in set (0.00 sec)

mysql>
```

图 9-8

步骤 5 ▶▶ 输入命令：

```
select * from sz_student limit 3,3;
```

按 Enter 键后，显示数据表 sz_student 的第 4 条数据内容，如图 9-9 所示。

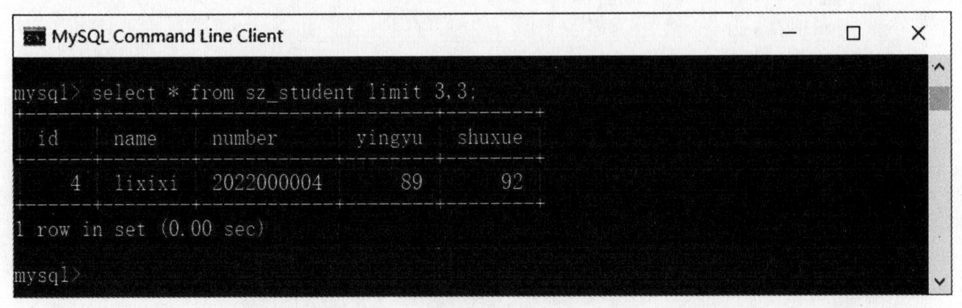

图 9-9

9.4 between

• 语 法 •

```
select * from 数据表 where 数据字段 between 数据内容 and 数据内容；
```

示例：select * from sz_student where yingyu between '80' and '90';

备注：在数据表 sz_student 中，查询数据字段 yingyu 中，数据内容为 80~90 的数据，包括 80 和 90。

如图 9-10 所示，某班级有 4 名学生。假设英语老师需要快速查看英语成绩为 80~90 分的学生（包括 80 分和 90 分），应如何操作？

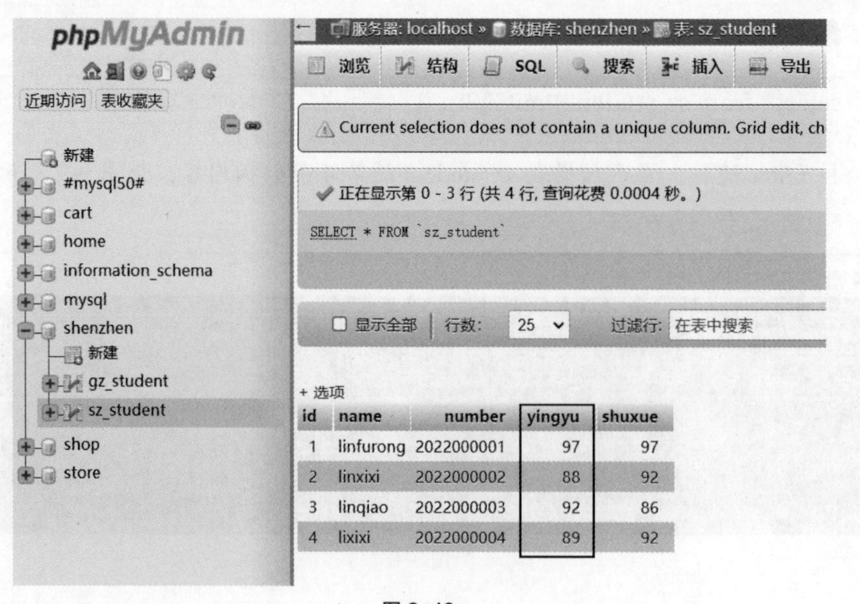

图 9-10

步骤 1 ▶▶ 进入 MySQL 命令模式，输入命令：

```
use shenzhen;
```

按 Enter 键后，输入命令：

```
select * from sz_student;
```

按 Enter 键后，显示数据表 sz_student 的所有数据内容。数据表 sz_student 有 4 条数据内容，如图 9-11 所示。

```
MySQL Command Line Client
mysql> select * from sz_student;
+----+-----------+------------+--------+--------+
| id | name      | number     | yingyu | shuxue |
+----+-----------+------------+--------+--------+
|  1 | linfurong | 2022000001 |     97 |     97 |
|  2 | linxixi   | 2022000002 |     88 |     92 |
|  3 | linqiao   | 2022000003 |     92 |     86 |
|  4 | lixixi    | 2022000004 |     89 |     92 |
+----+-----------+------------+--------+--------+
4 rows in set (0.00 sec)
```

图 9-11

步骤 2 ▶▶ 输入命令：

```
select * from sz_student where yingyu between '80' and '90';
```

按 Enter 键后，显示数据表 sz_student 指定的数据内容，可见有 2 条数据内容，数据字段 yingyu 的值分别为 88 和 89，如图 9-12 所示。

```
MySQL Command Line Client
mysql> select * from sz_student where yingyu between '80' and '90';
+----+---------+------------+--------+--------+
| id | name    | number     | yingyu | shuxue |
+----+---------+------------+--------+--------+
|  2 | linxixi | 2022000002 |     88 |     92 |
|  4 | lixixi  | 2022000004 |     89 |     92 |
+----+---------+------------+--------+--------+
2 rows in set (0.00 sec)
```

图 9-12

9.5 通配符

• 语 法 •

```
select * from 数据表 where 数据字段 like '% 使用通配符查看的数据内容 %';
示例: select * from sz_student where name like '%xixi%';
备注: 在数据表 sz_student 中，查询数据字段 name 含有 xixi 的数据内容。
```

某班级有 4 名学生。假设老师需要快速查看名字中包含 xixi 的学生，该如何操作呢?

步骤 1 ▶▶ 进入 MySQL 命令模式，输入命令：

```
use shenzhen;
```

按 Enter 键后，输入命令：

```
select * from sz_student;
```

按 Enter 键后，显示数据表 sz_student 的所有数据内容，如图 9-13 所示。

```
MySQL Command Line Client
mysql> use shenzhen;
Database changed
mysql> select * from sz_student;
+----+-----------+------------+--------+--------+
| id | name      | number     | yingyu | shuxue |
+----+-----------+------------+--------+--------+
|  1 | linfurong | 2022000001 |     97 |     97 |
|  2 | linxixi   | 2022000002 |     88 |     92 |
|  3 | linqiao   | 2022000003 |     92 |     86 |
|  4 | lixixi    | 2022000004 |     89 |     92 |
+----+-----------+------------+--------+--------+
4 rows in set (0.00 sec)
```

图 9-13

步骤 2 ▶▶ 输入命令：

```
select * from sz_student where name like '%xixi%';
```

按 Enter 键后，显示数据字段 name 中带有 xixi 的数据内容：linxixi 和 lixixi，如图 9-14 所示。

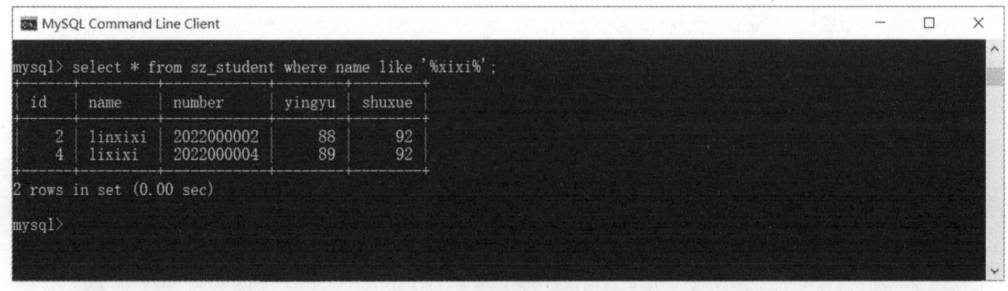

图 9-14

9.6 and

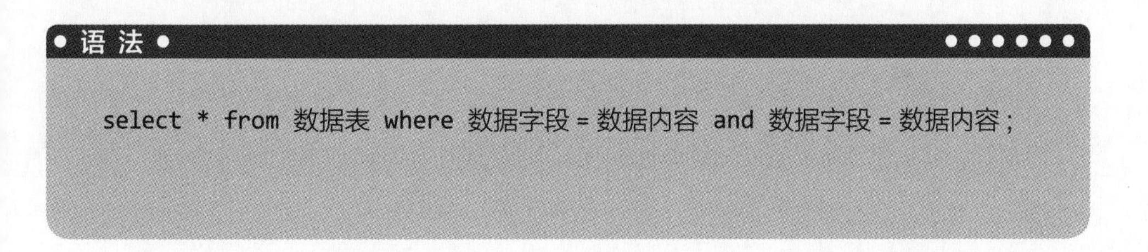

● 语 法 ●

```
select * from 数据表 where 数据字段 = 数据内容 and 数据字段 = 数据内容；
```

如图 9-15 所示，数据表 sz_student 中有 4 条数据，如何查询数据字段 yingyu 和 shuxue 均为 97 的数据内容呢？

```
MySQL Command Line Client
mysql> use shenzhen;
Database changed
mysql> select * from sz_student;
+----+-----------+------------+--------+--------+
| id | name      | number     | yingyu | shuxue |
+----+-----------+------------+--------+--------+
|  1 | linfurong | 2022000001 |     97 |     97 |
|  2 | linxixi   | 2022000002 |     88 |     92 |
|  3 | linqiao   | 2022000003 |     92 |     86 |
|  4 | lixixi    | 2022000004 |     89 |     92 |
+----+-----------+------------+--------+--------+
4 rows in set (0.00 sec)

mysql> _
```

图 9-15

输入命令：

```
select * from sz_student where yingyu=97 and shuxue=97;
```

按 Enter 键后，显示数据字段 yingyu 和 shuxue 均为 97 的数据内容，如图 9-16 所示。

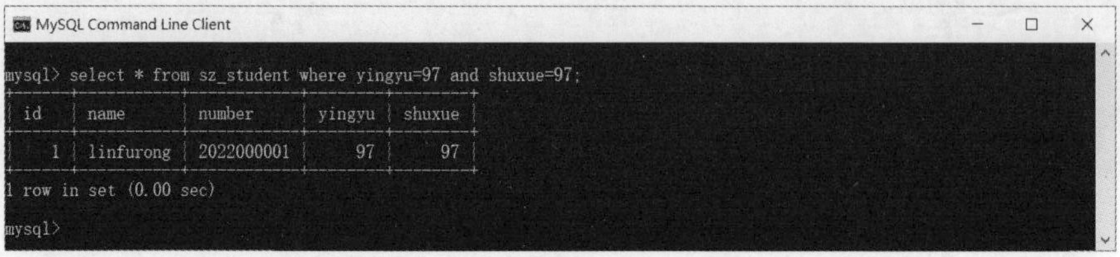

```
MySQL Command Line Client
mysql> select * from sz_student where yingyu=97 and shuxue=97;
+----+-----------+------------+--------+--------+
| id | name      | number     | yingyu | shuxue |
+----+-----------+------------+--------+--------+
|  1 | linfurong | 2022000001 |     97 |     97 |
+----+-----------+------------+--------+--------+
1 row in set (0.00 sec)

mysql>
```

图 9-16

9.7 or

● 语 法 ●

```
select * from 数据表 where 数据字段 = 数据内容 or 数据字段 = 数据内容 ;
```

如图 9-17 所示，数据表 sz_student 中有 4 条数据，如何查询数据字段 yingyu 为 97 或数据字段 shuxue 为 92 的数据内容呢?

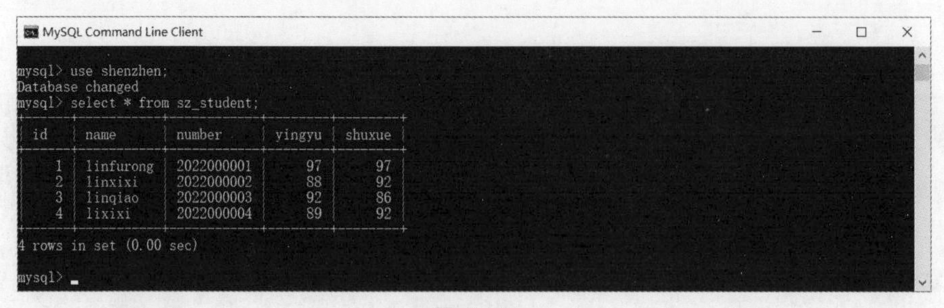

图 9-17

进入 MySQL 命令模式，输入命令：

```
select * from sz_student where yingyu=97 or shuxue=92;
```

按 Enter 键后，显示数据字段 yingyu 为 97 或数据字段 shuxue 为 92 的数据内容。只要满足其中的一个条件，即可显示数据内容，如图 9-18 所示。

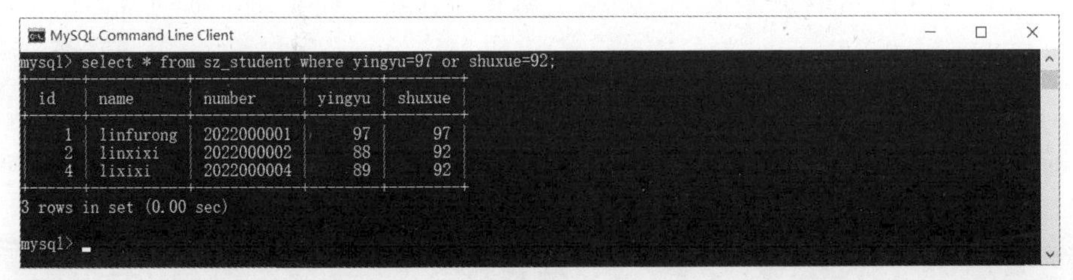

图 9-18

9.8 primary key

语 法

① alter TABLE 数据表 add PRIMARY KEY（数据字段）;

示例：alter TABLE sz_student add PRIMARY KEY (id);

备注：将数据表 sz_student 的数据字段 id 设置为主键。

② alter TABLE 数据表 drop PRIMARY KEY;

示例：alter TABLE sz_student drop PRIMARY KEY;

备注：删除数据表 sz_student 的主键。

主键有什么用呢?

主键是数据表的唯一索引，也被称为主键约束。例如，某数据表存储班级的学生信息，数据表包括 id、姓名、语文成绩、数学成绩、英语成绩等数据字段，学生的姓名可能重复，语文、数学、英语成绩也可能会出现相同的分数，只有 id 的值不会重复，每个学生都有唯一的 id。在这种情况下，就可以将 id 设为主键。通过查询 id，可快速查询指定学生的数据内容。换言之，主键的作用是确定数据表的唯一性，并可与其他数据表进行关联，从而查询数据内容。

1. 设置主键

如图 9-19 所示的数据表中，所有的数据字段都不是主键，如何将数据字段 id 设置为主键呢？

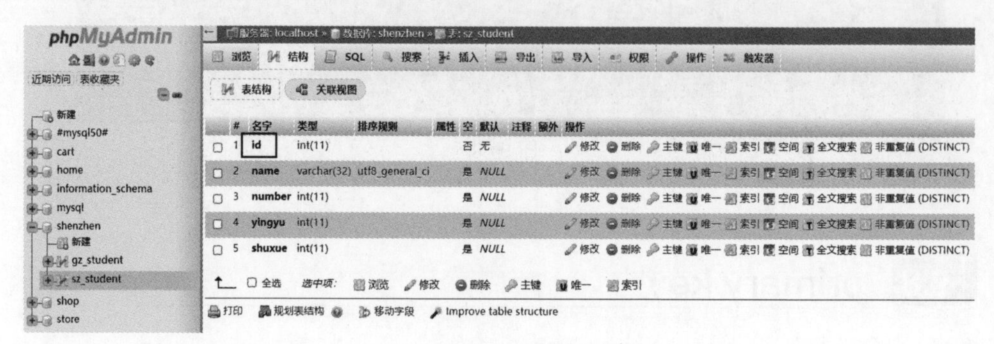

图 9-19

步骤 1 ▶▶ 进入 MySQL 命令模式，输入命令：

```
use shenzhen;
```

按 Enter 键后，再输入命令：

```
show columns from sz_student;
```

按 Enter 键后，可查看是否有主键，如图 9-20 所示。

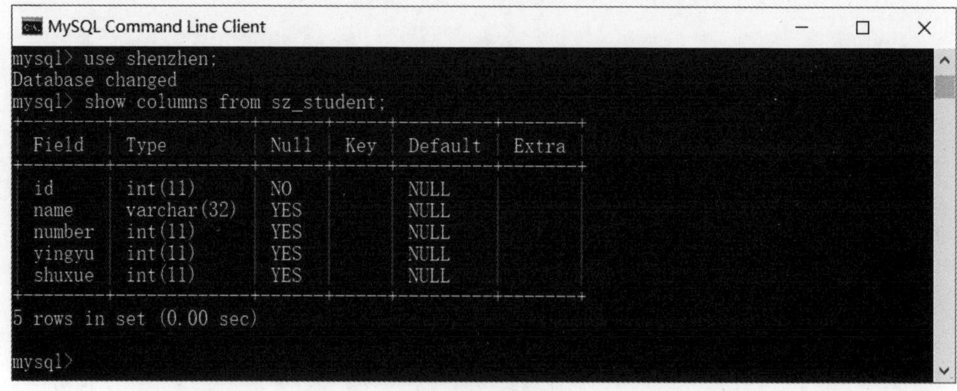

```
MySQL Command Line Client
mysql> use shenzhen;
Database changed
mysql> show columns from sz_student;
+---------+-------------+------+-----+---------+-------+
| Field   | Type        | Null | Key | Default | Extra |
+---------+-------------+------+-----+---------+-------+
| id      | int(11)     | NO   |     | NULL    |       |
| name    | varchar(32) | YES  |     | NULL    |       |
| number  | int(11)     | YES  |     | NULL    |       |
| yingyu  | int(11)     | YES  |     | NULL    |       |
| shuxue  | int(11)     | YES  |     | NULL    |       |
+---------+-------------+------+-----+---------+-------+
5 rows in set (0.00 sec)

mysql>
```

图 9-20

步骤 2 ▶▶ 输入命令：

```
alter TABLE sz_student add PRIMARY KEY (id);
```

按 Enter 键后，表示将 id 设置为主键，如图 9-21 所示。

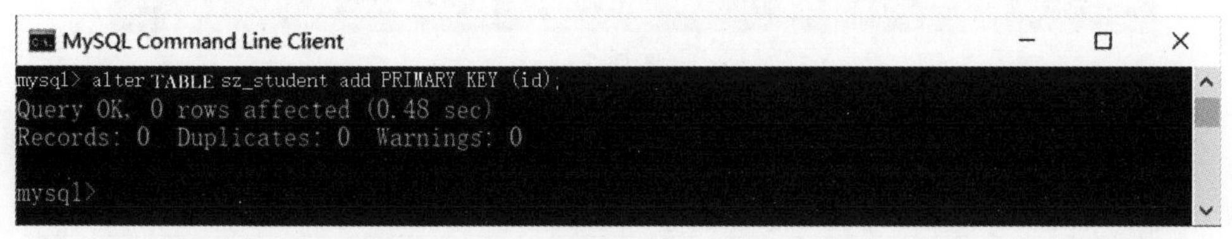

图 9-21

步骤 3 ▶▶ 验证是否成功设置主键，输入命令：

```
show columns from sz_student;
```

按 Enter 键后，数据字段 id 的数据类型 Key 为 PRI，说明成功将 id 设置为主键，如图 9-22 所示。

```
MySQL Command Line Client
mysql> show columns from sz_student;
+--------+-------------+------+-----+---------+-------+
| Field  | Type        | Null | Key | Default | Extra |
+--------+-------------+------+-----+---------+-------+
| id     | int(11)     | NO   | PRI | NULL    |       |
| name   | varchar(32) | YES  |     | NULL    |       |
| number | int(11)     | YES  |     | NULL    |       |
| yingyu | int(11)     | YES  |     | NULL    |       |
| shuxue | int(11)     | YES  |     | NULL    |       |
+--------+-------------+------+-----+---------+-------+
5 rows in set (0.00 sec)

mysql>
```

图 9-22

2. 删除主键

如何删除数据表 sz_student 的主键 id 呢？

步骤 1 ▶▶ 输入命令：

```
alter TABLE sz_student drop PRIMARY KEY;
```

按 Enter 键后，成功删除数据表 sz_student 的主键，如图 9-23 所示。

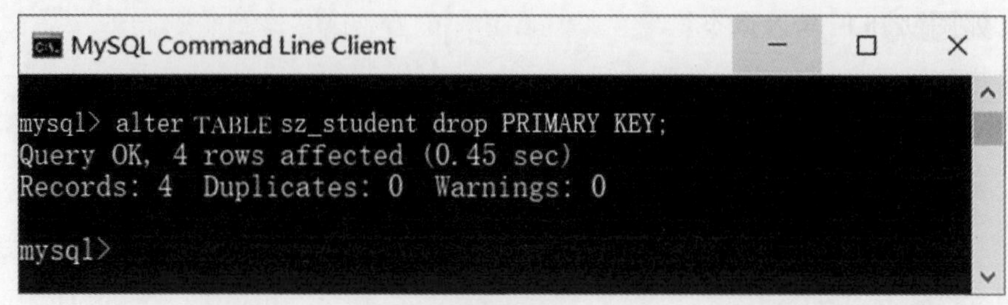

图 9-23

步骤 2 ▶▶ 验证是否成功删除主键。输入命令：

```
show columns from sz_student;
```

按 Enter 键后，数据字段 id 的数据类型 Key 从 PRI 变为空，说明已成功删除数据表 sz_student 的主键，如图 9-24 所示。

```
MySQL Command Line Client
mysql> show columns from sz_student;
+---------+-------------+------+-----+---------+-------+
| Field   | Type        | Null | Key | Default | Extra |
+---------+-------------+------+-----+---------+-------+
| id      | int(11)     | NO   |     | NULL    |       |
| name    | varchar(32) | YES  |     | NULL    |       |
| number  | int(11)     | YES  |     | NULL    |       |
| yingyu  | int(11)     | YES  |     | NULL    |       |
| shuxue  | int(11)     | YES  |     | NULL    |       |
+---------+-------------+------+-----+---------+-------+
5 rows in set (0.01 sec)

mysql> _
```

图 9-24

9.9 desc

• 语 法 •

```
select * from 数据表 order by 数据字段 desc;
```

示例：`select * from sz_student order by yingyu desc;`

备注：数据表 sz_student 的数据字段 yingyu 按降序排列。

如图 9-25 所示，数据表 sz_student 中有 4 条数据，这 4 条数据默认按 id 的顺序排列显示。如果想按降序排列查看英文成绩，应该如何操作呢？

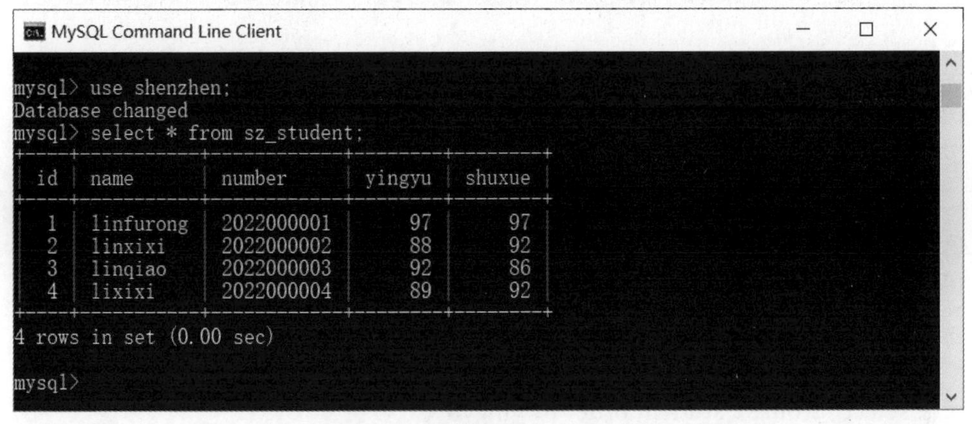

```
MySQL Command Line Client
mysql> use shenzhen;
Database changed
mysql> select * from sz_student;
+----+-----------+------------+--------+--------+
| id | name      | number     | yingyu | shuxue |
+----+-----------+------------+--------+--------+
|  1 | linfurong | 2022000001 |     97 |     97 |
|  2 | linxixi   | 2022000002 |     88 |     92 |
|  3 | linqiao   | 2022000003 |     92 |     86 |
|  4 | lixixi    | 2022000004 |     89 |     92 |
+----+-----------+------------+--------+--------+
4 rows in set (0.00 sec)

mysql>
```

图 9-25

输入命令：

```
select * from sz_student order by yingyu desc;
```

按 Enter 键后，数据字段 yingyu 按降序排列，如图 9-26 所示。

```
MySQL Command Line Client
mysql> select * from sz_student order by yingyu desc;
+----+-----------+------------+--------+--------+
| id | name      | number     | yingyu | shuxue |
+----+-----------+------------+--------+--------+
|  1 | linfurong | 2022000001 |     97 |     97 |
|  3 | linqiao   | 2022000003 |     92 |     86 |
|  4 | lixixi    | 2022000004 |     89 |     92 |
|  2 | linxixi   | 2022000002 |     88 |     92 |
+----+-----------+------------+--------+--------+
4 rows in set (0.00 sec)

mysql>
```

图 9-26

9.10 asc

• 语 法 •

```
select * from 数据表 order by 数据字段 asc;
```

数据表 sz_student 中的 4 条数据是按 id 的顺序排列显示的。若想从低到高查看英文成绩，则应如何操作呢？

进入 MySQL 命令模式，输入命令：

```
select * from sz_student order by yingyu asc;
```

按 Enter 键后，数据字段 yingyu 按升序排列，如图 9-27 所示

```
MySQL Command Line Client
mysql> select * from sz_student order by yingyu asc;
+----+-----------+------------+--------+--------+
| id | name      | number     | yingyu | shuxue |
+----+-----------+------------+--------+--------+
|  2 | linxixi   | 2022000002 |     88 |     92 |
|  4 | lixixi    | 2022000004 |     89 |     92 |
|  3 | linqiao   | 2022000003 |     92 |     86 |
|  1 | linfurong | 2022000001 |     97 |     97 |
+----+-----------+------------+--------+--------+
4 rows in set (0.00 sec)

mysql>
```

图 9-27

9.11 like

• 语 法 •

```
select * from 数据表 where 数据字段 like'数据内容%';
```

如图 9-28 所示，某班级 4 名学生的成绩都存储在数据库中，老师想查看 90 分及以上的英语成绩，不包括 100 分，应如何操作？

```
MySQL Command Line Client
mysql> use shenzhen;
Database changed
mysql> select * from sz_student;
+----+-----------+------------+--------+--------+
| id | name      | number     | yingyu | shuxue |
+----+-----------+------------+--------+--------+
|  1 | linfurong | 2022000001 |     97 |     97 |
|  2 | linxixi   | 2022000002 |     88 |     92 |
|  3 | linqiao   | 2022000003 |     92 |     86 |
|  4 | lixixi    | 2022000004 |     89 |     92 |
+----+-----------+------------+--------+--------+
```

图 9-28

进入 MySQL 命令模式，输入命令：

```
select * from sz_student where yingyu like '9%';
```

按 Enter 键后，显示英语成绩以 9 开头的数据内容，如图 9-29 所示。

```
MySQL Command Line Client
mysql> select * from sz_student where yingyu like '9%';
+----+-----------+------------+--------+--------+
| id | name      | number     | yingyu | shuxue |
+----+-----------+------------+--------+--------+
|  1 | linfurong | 2022000001 |     97 |     97 |
|  3 | linqiao   | 2022000003 |     92 |     86 |
+----+-----------+------------+--------+--------+
2 rows in set (0.00 sec)

mysql>
```

图 9-29

9.12 IN

● 语 法 ●

```
select * from 数据表 where name IN( 数据字段 1, 数据字段 2);
```

如图 9-30 所示，在数据库 shenzhen 中，数据表 sz_student 有 4 条数据内容。如果只想查询数据字段 name 为 linfurong 和 linqiao 的行数据，应如何操作？

```
+----+-----------+------------+--------+--------+
| id | name      | number     | yingyu | shuxue |
+----+-----------+------------+--------+--------+
|  1 | linfurong | 2022000001 |     97 |     97 |
|  2 | linxixi   | 2022000002 |     88 |     92 |
|  3 | linqiao   | 2022000003 |     92 |     86 |
|  4 | lixixi    | 2022000004 |     89 |     92 |
+----+-----------+------------+--------+--------+
```

图 9-30

步骤 1 ▶▶ 进入 MySQL 命令模式，输入命令：

```
select * from sz_student where name IN('linfurong ', 'linqiao');
```

按 Enter 键后，显示数据字段 name 为 linfurong 和 linqiao 的数据内容，如图 9-31 所示。

```
MySQL Command Line Client
mysql> select * from sz_student where name IN('linfurong','linqiao');
+----+-----------+------------+--------+--------+
| id | name      | number     | yingyu | shuxue |
+----+-----------+------------+--------+--------+
|  1 | linfurong | 2022000001 |     97 |     97 |
|  3 | linqiao   | 2022000003 |     92 |     86 |
+----+-----------+------------+--------+--------+
2 rows in set (0.00 sec)

mysql>
```

图 9-31

步骤 2 ▶▶ 输入不完整的名字能否查询呢？如果要查询 linfurong，则输入 linfu，是否能查出想要的结果呢？输入命令：

```
select * from sz_student where name IN('linfu', 'linqiao');
```

如图 9-32 所示，按 Enter 键后，只显示 name 为 lingqiao 的数据，可见输入不完整的数据内容是无法查询出来的。

```
MySQL Command Line Client
mysql> select * from sz_student where name IN('linfu','linqiao');
+----+---------+------------+--------+--------+
| id | name    | number     | yingyu | shuxue |
+----+---------+------------+--------+--------+
|  3 | linqiao | 2022000003 |     92 |     86 |
+----+---------+------------+--------+--------+
1 row in set (0.00 sec)

mysql>
```

图 9-32

步骤 3 ▶▶ 使用不完整的数据内容与通配符，是否可以查询呢？如图 9-33 所示，输入命令：

```
select * from sz_student where name IN('linfu%', 'linqiao');
```

按 Enter 键后，只显示 name 为 lingqiao 的数据，可见使用不完整的数据内容与通配符也无法查询正确的结果。

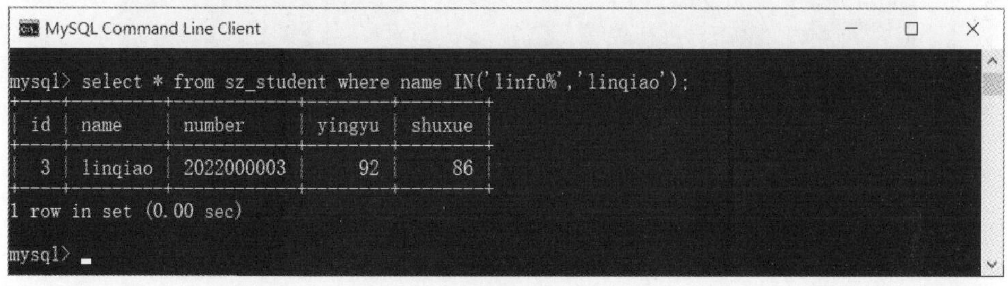

图 9-33

9.13 select

• 语 法 •

```
select 数据字段 from 数据表;
```

如图 9-34 所示，数据表 sz_student 存储了 4 名学生的数据。老师只想查看学生的学号，应如何操作？

id	name	number	yingyu	shuxue
1	linfurong	2022000001	97	97
2	linxixi	2022000002	88	92
3	linqiao	2022000003	92	86
4	lixixi	2022000004	89	92

图 9-34

进入 MySQL 命令模式，输入命令：

```
select number from sz_student;
```

按 Enter 键后，显示数据字段 number 的数据内容，如图 9-35 所示。

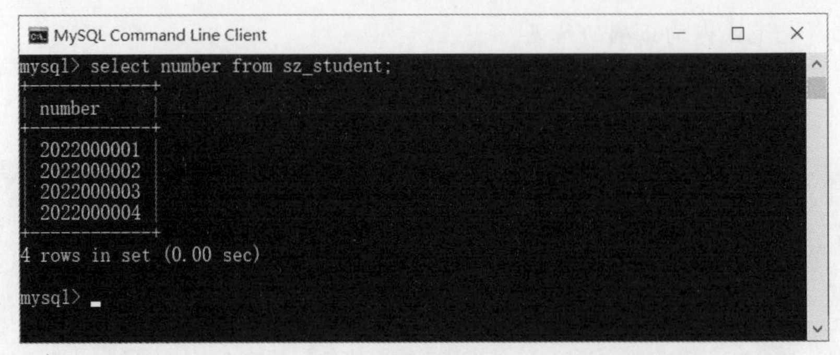

图 9-35

9.14 as

• 语 法 •

```
select 数据字段 1 as 重命名的数据字段 1，数据字段 2 as 重命名的数据字段 2
from 数据表名；
```

备注：as 不改变数据字段的实际名称，只用作暂时显示。

如图 9-36 所示，数据表的数据字段一般设置为英文。老师要将数据表 sz_student 的数据字段显示成中文，应如何操作？

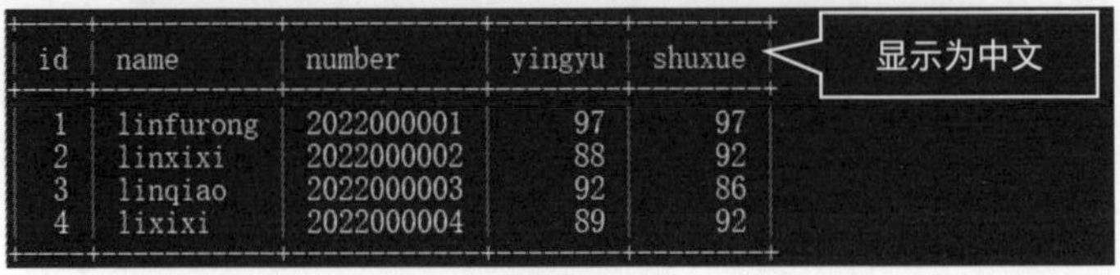

id	name	number	yingyu	shuxue
1	linfurong	2022000001	97	97
2	linxixi	2022000002	88	92
3	linqiao	2022000003	92	86
4	lixixi	2022000004	89	92

显示为中文

图 9-36

进入 MySQL 命令模式，输入命令：

```
select name as 姓名 ,number as 学号 from sz_student;
```

按 Enter 键后，数据字段 name 显示为“姓名”，数据字段 number 显示为“学号”，如图 9-37 所示。

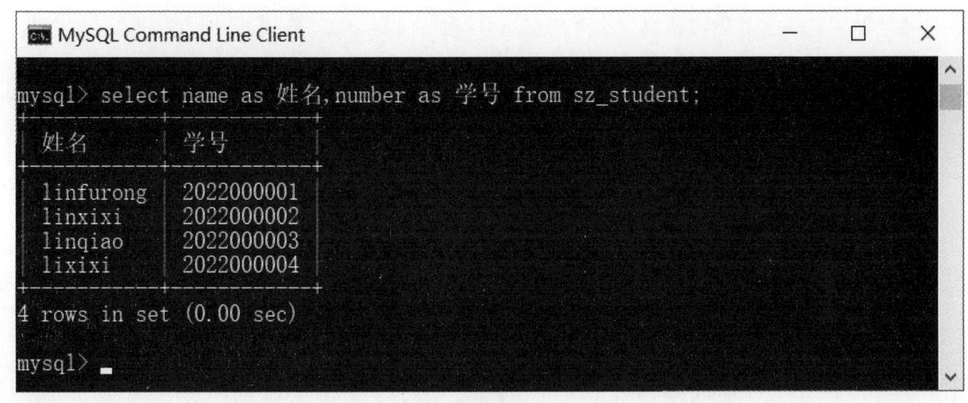

图 9-37

9.15 not null

• 语 法 •

数据字段 varchar(255) NOT NULL;

备注：NOT NULL 是指强制约束数据内容不能为 NULL。如果不输入数值，则无法插入数据或更新数据。

如图 9-38 所示，某幼儿园老师要创建一个数据表 family，用于存储学生的信息。在数据表 family 中，数据字段 Id 可为空，数据字段 babaName、mamaName、number 不能为空。也就是要将这些数据字段设置为 NOT NULL。

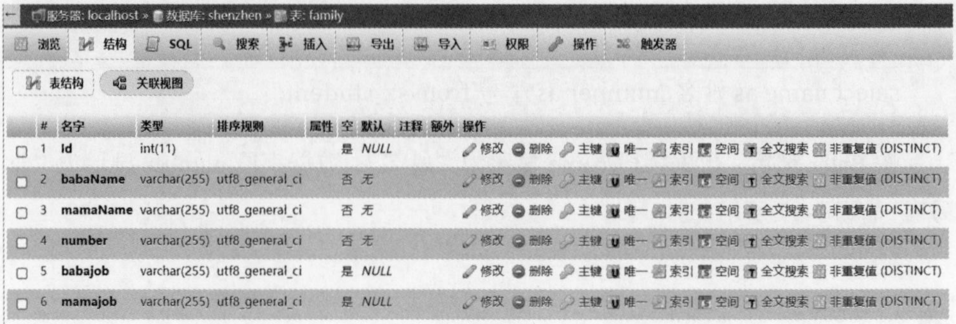

服务器: localhost » 数据库: shenzhen » 表: family

浏览 结构 SQL 搜索 插入 导出 导入 权限 操作 触发器

表结构 关联视图

#	名字	类型	排序规则	属性	空	默认	注释	额外	操作
1	Id	int(11)			是	NULL			修改 删除 主键 唯一 索引 空间 全文搜索 非重复值 (DISTINCT)
2	babaName	varchar(255)	utf8_general_ci		否	无			修改 删除 主键 唯一 索引 空间 全文搜索 非重复值 (DISTINCT)
3	mamaName	varchar(255)	utf8_general_ci		否	无			修改 删除 主键 唯一 索引 空间 全文搜索 非重复值 (DISTINCT)
4	number	varchar(255)	utf8_general_ci		否	无			修改 删除 主键 唯一 索引 空间 全文搜索 非重复值 (DISTINCT)
5	babajob	varchar(255)	utf8_general_ci		是	NULL			修改 删除 主键 唯一 索引 空间 全文搜索 非重复值 (DISTINCT)
6	mamajob	varchar(255)	utf8_general_ci		是	NULL			修改 删除 主键 唯一 索引 空间 全文搜索 非重复值 (DISTINCT)

图 9-38

步骤 1 ▶▶ 进入 MySQL 命令模式。先创建一个数据表 family，输入命令：

```
CREATE TABLE family
(
Id int ,
babaName varchar(255) NOT NULL,
mamaName varchar(255) NOT NULL,
number varchar(255) NOT NULL,
babajob varchar(255),
mamajob varchar(255)
)
;
```

按 Enter 键，会将数据字段 babaName、mamaName 和 number 设置为 NOT NULL，如图 9-39 所示。

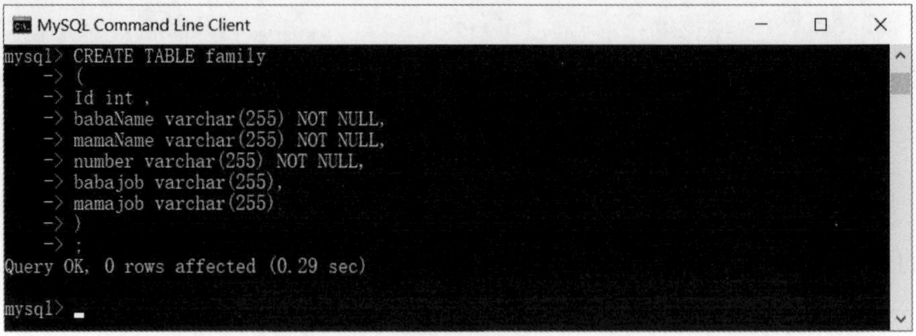

MySQL Command Line Client

```
mysql> CREATE TABLE family
    -> (
    -> Id int ,
    -> babaName varchar(255) NOT NULL,
    -> mamaName varchar(255) NOT NULL,
    -> number varchar(255) NOT NULL,
    -> babajob varchar(255),
    -> mamajob varchar(255)
    -> )
    -> ;
Query OK, 0 rows affected (0.29 sec)

mysql> _
```

图 9-39

步骤 2 ▶▶ 使用 phpMyAdmin 软件，验证数据字段是否成功设置为 NOT NULL。如图 9-40 所示，打开 phpMyAdmin 软件，在左侧的菜单面板中选择 “shenzhen” → “family” 菜单命令，单击工作面板上方的 “结构” 按钮。数据字段 babaName、mamaName 和 number 的 “默认” 属性为 “无”，说明这三个字段已成功设置为 NOT NULL。

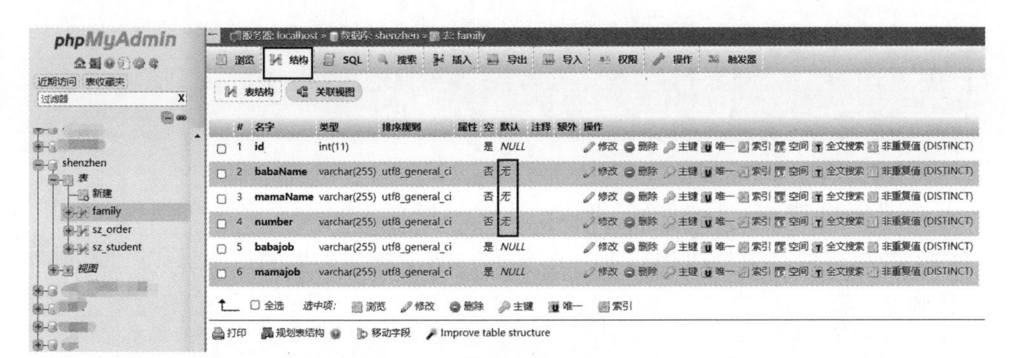

图 9-40

步骤 3 ▶▶ 使用 MySQL 命令，验证数据字段是否成功设置为 NOT NULL。输入命令：

```
describe family;
```

按 Enter 键。数据字段 babaName、mamaName 和 number 的 Null 属性均为 NO，说明这三个字段已成功设置为 NOT NULL，如图 9-41 所示。

```
MySQL Command Line Client
mysql> describe family;
+----------+--------------+------+-----+---------+-------+
| Field    | Type         | Null | Key | Default | Extra |
+----------+--------------+------+-----+---------+-------+
| Id       | int(11)      | YES  |     | NULL    |       |
| babaName | varchar(255) | NO   |     | NULL    |       |
| mamaName | varchar(255) | NO   |     | NULL    |       |
| number   | varchar(255) | NO   |     | NULL    |       |
| babajob  | varchar(255) | YES  |     | NULL    |       |
| mamajob  | varchar(255) | YES  |     | NULL    |       |
+----------+--------------+------+-----+---------+-------+
6 rows in set (0.01 sec)

mysql>
```

图 9-41

9.16 join

• 语 法 •

select 数据表 1. 数据字段 1，数据表 1. 数据字段 2，数据表 2. 数据字段 3 from 数据表 1，数据表 2 where 数据表 1. 数据字段 4= 数据表 2. 数据字段 5;

如图 9-42 所示，有两个数据表 sz_order 和 sz_student。老师要根据 id，将这两个数据表的部分数据组合成一个新表，便于查询学生的订单号码，应如何操作呢？

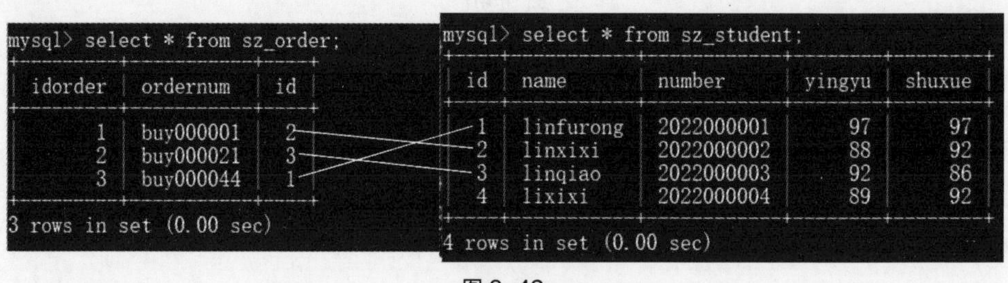

```
mysql> select * from sz_order;
+---------+-----------+----+
| idorder | ordernum  | id |
+---------+-----------+----+
|       1 | buy000001 |  2 |
|       2 | buy000021 |  3 |
|       3 | buy000044 |  1 |
+---------+-----------+----+
3 rows in set (0.00 sec)

mysql> select * from sz_student;
+----+-----------+------------+---------+--------+
| id | name      | number     | yingyu  | shuxue |
+----+-----------+------------+---------+--------+
|  1 | linfurong | 2022000001 |      97 |     97 |
|  2 | linxixi   | 2022000002 |      88 |     92 |
|  3 | linqiao   | 2022000003 |      92 |     86 |
|  4 | lixixi    | 2022000004 |      89 |     92 |
+----+-----------+------------+---------+--------+
4 rows in set (0.00 sec)
```

图 9-42

步骤 1 ▶▶ 将数据表 sz_order 和 sz_student 的部分数据组合成一个新表，其实就是根据两个数据表的 id 进行匹配。进入 MySQL 命令模式，输入命令：

```
select sz_student.name,sz_student.number,sz_order.ordernum from sz_student,sz_order where sz_student.id=sz_order.id;
```

步骤 2 ▶▶ 按 Enter 键后，显示匹配后的新数据表，如图 9-43 所示。两个数据表拥有同样的 id，即可通过 id，匹配数据表 sz_student 的数据字段 name、number 与数据表 sz_order 的数据字段 ordernum。

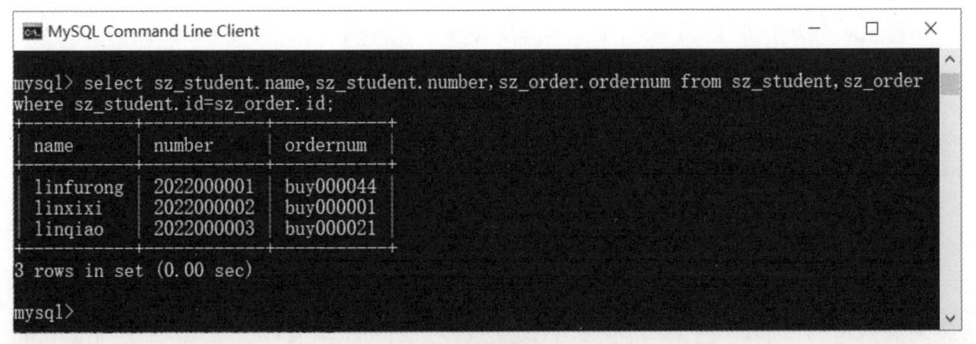

图 9-43

9.17 left join

• 语 法 •

```
select 数据表1.数据字段1, 数据表1.数据字段2, 数据表2.数据字段3 from 数据表1 left join 数据表2 on 数据表1.id=数据表2.id order by 数据表1.数据字段1;
```

如图 9-44 所示，数据表 sz_student 存储了 4 名学生的数据，数据表 sz_order 存储了 3 名学生的订单号码。目前，需要重新生成一张新的数据表，表中要列出这 4 名学生的数据，并显示每位学生的订单号码。如果学生没有匹配的订单号码，则将数据内容显示为 NULL。

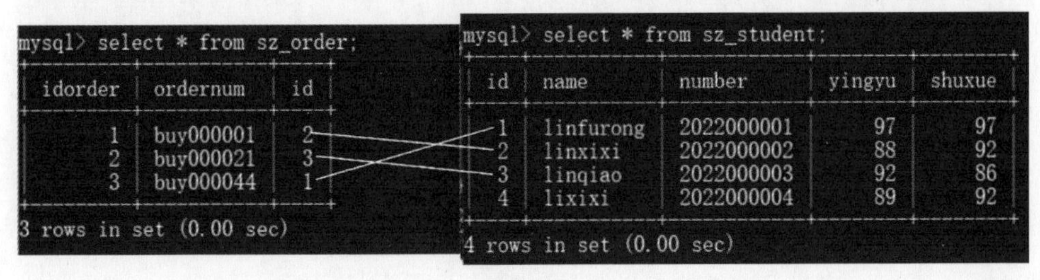

图 9-44

步骤 1 ▶▶ 新的数据表需要由数据表 sz_student 的数据字段 name、number，和数据表 sz_order 的数据字段 ordernum 组成。进入 MySQL 命令模式，输入命令：

```
select sz_student.name,sz_student.number,sz_order.ordernum from sz_student
left join sz_order on sz_student.id=sz_order.id order by sz_student.name;
```

步骤 2 ▶▶ 按 Enter 键后，生成新的数据表，展示了 4 名学生的数据，并显示每位学生的订单号码。学生 lixixi 没有对应的订单号码，数据字段 ordernum 为 NULL，如图 9-45 所示。

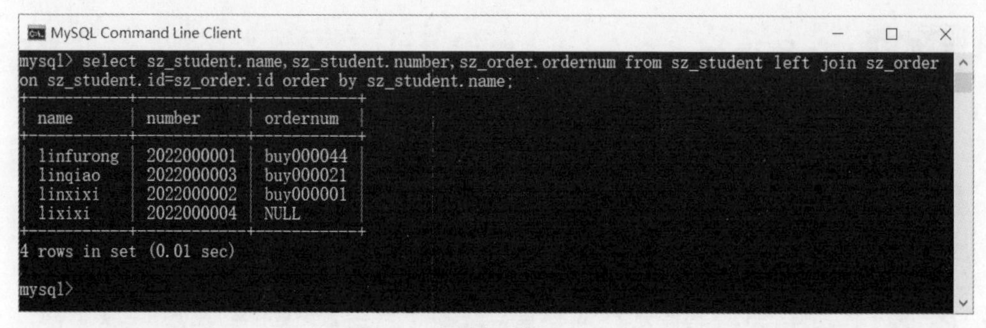

图 9-45

9.18 right join

• 语 法 •

```
select 数据表 1.数据字段 1,数据表 1.数据字段 2 from 数据表 1 right join 数据表 2 on 数据表 1.id = 数据表 2.id order by 数据表 1.数据字段 1;
```

如图 9-46 所示，数据表 sz_student 存储了 4 名学生的数据，数据表 sz_order 存储了学生的订单号码。目前，需要重新生成一张数据表，表中要列出学生的数据内容，并显示每位学生的订单号码，如果学生没有匹配的订单号码，则不显示数据内容。

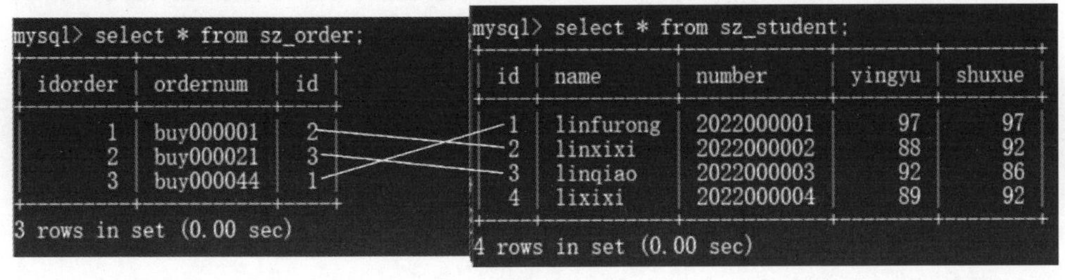

```
mysql> select * from sz_order;
+---------+-----------+----+
| idorder | ordernum  | id |
+---------+-----------+----+
|       1 | buy000001 |  2 |
|       2 | buy000021 |  3 |
|       3 | buy000044 |  1 |
+---------+-----------+----+
3 rows in set (0.00 sec)
```

```
mysql> select * from sz_student;
+----+-----------+------------+--------+--------+
| id | name      | number     | yingyu | shuxue |
+----+-----------+------------+--------+--------+
|  1 | linfurong | 2022000001 |     97 |     97 |
|  2 | linxixi   | 2022000002 |     88 |     92 |
|  3 | linqiao   | 2022000003 |     92 |     86 |
|  4 | lixixi    | 2022000004 |     89 |     92 |
+----+-----------+------------+--------+--------+
4 rows in set (0.00 sec)
```

图 9-46

步骤 1 ▶▶ 新的数据表由数据表 sz_student 的数据字段 name、number 和数据表 sz_order 的数据字段 ordernum 组成。进入 MySQL 命令模式，输入命令：

```
select sz_student.name,sz_student.number, sz_order.ordernum from sz_student right join sz_order on sz_student.id=sz_order.id order by sz_student.name;
```

步骤 2 ▶▶ 按 Enter 键后，显示相应的数据。学生 lixixi 没有对应的订单号码，不显示这位学生的信息，如图 9-47 所示。

```
MySQL Command Line Client

mysql> select sz_student.name,sz_student.number,sz_order.ordernum from sz_student right join sz_order
 on sz_student.id=sz_order.id order by sz_student.name;
+-----------+------------+-----------+
| name      | number     | ordernum  |
+-----------+------------+-----------+
| linfurong | 2022000001 | buy000044 |
| linqiao   | 2022000003 | buy000021 |
| linxixi   | 2022000002 | buy000001 |
+-----------+------------+-----------+
3 rows in set (0.00 sec)

mysql>
```

图 9-47

9.19 inner join 

● 语 法 ●

```
select 数据表 1.数据字段 1, 数据表 1.数据字段 2, 数据表 2. 数据字段 3 from 数据表 1 inner join 数据表 2 on 数据表 1.id= 数据表 2.id order by 数据表 1.数据字段 1;
```

如图 9-48 所示，数据表 sz_student 存储了 4 名学生的数据，数据表 sz_order 存储了 4 名学生的订单号码。目前，需要重新生成一张数据表，表中要列出学生的数据内容，以学生的名字进行排序，并显示每位学生的订单号码。如果学生没有匹配的订单号码，或订单号码没有匹配的学生，则不显示数据内容。

```
mysql> select * from sz_order;
+---------+-----------+----+
| idorder | ordernum  | id |
+---------+-----------+----+
|       1 | buy000001 |  2 |
|       2 | buy000021 |  3 |
|       3 | buy000044 |  1 |
|       4 | buy002345 | 27 |
+---------+-----------+----+
4 rows in set (0.00 sec)
```

```
mysql> select * from sz_student;
+----+-----------+------------+--------+--------+
| id | name      | number     | yingyu | shuxue |
+----+-----------+------------+--------+--------+
|  1 | linfurong | 2022000001 |     97 |     97 |
|  2 | linxixi   | 2022000002 |     88 |     92 |
|  3 | linqiao   | 2022000003 |     92 |     86 |
|  4 | lixixi    | 2022000004 |     89 |     92 |
+----+-----------+------------+--------+--------+
4 rows in set (0.00 sec)
```

图 9-48

进入 MySQL 命令模式，输入命令：

```
select sz_student.name,sz_student.number, sz_order.ordernum from sz_student inner join sz_order on sz_student.id=sz_order.id order by sz_student.name;
```

按 Enter 键后，显示相应的数据，数据以学生的名字进行排序，并显示每位学生的订单号码，如图 9-49 所示。

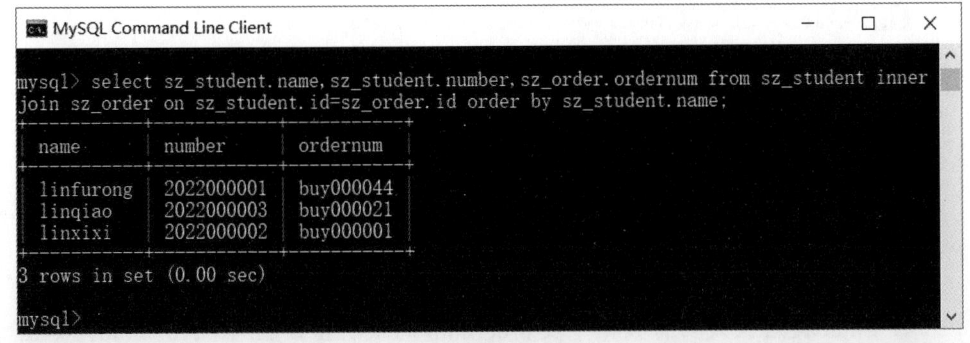

图 9-49

9.20 default

• 语 法 •

```
alter table 数据表 alter 数据字段 set default '定义的默认值';
```

备注：default 的作用是为数据内容设置默认值。

如图 9-50 所示，在数据表 sz_order 中，如何将数据字段 ordernum 的默认值设置为 buy000000？

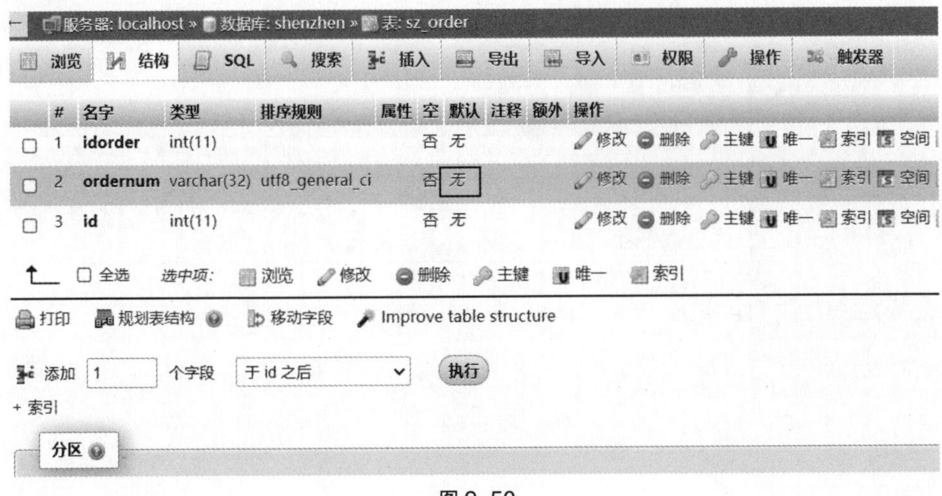

图 9-50

步骤 1 ▶▶ 进入 MySQL 命令模式，输入命令：

```
use shenzhen;
```

步骤 2 ▶▶ 按 Enter 键后，输入命令：

```
alter table sz_order alter ordernum set default 'buy000000';
```

按 Enter 键后，成功将数据字段 ordernum 的默认值设置为 buy000000，如图 9-51 所示。

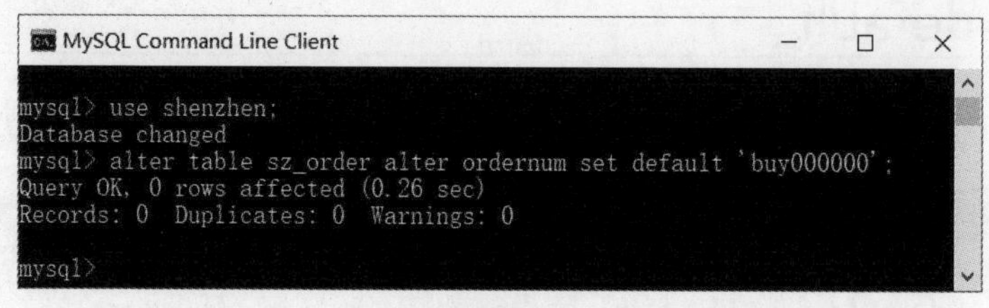

图 9-51

步骤 3 ▶▶ 使用 phpMyAdmin 软件，验证是否成功将数据字段 ordernum 的默认值设置为 buy000000。打开 phpMyAdmin 软件，在左侧的菜单面板中选择"shenzhen"→"sz_order"菜单命令，单击工作面板上方的"结构"按钮。数据字段 ordernum 的默认值已经设置为 buy000000，如图 9-52 所示。

#	名字	类型	排序规则	属性	空	默认	注释	额外	操作
1	idorder	int(11)			否	无			修改 删除 主键 唯一 索引 空间 更多
2	ordernum	varchar(32)	utf8_general_ci		否	buy000000			修改 删除 主键 唯一 索引 空间 更多
3	id	int(11)			否	无			修改 删除 主键 唯一 索引 空间 更多

图 9-52

步骤 4 ▶▶ 使用 MySQL 命令，验证是否成功将数据字段 ordernum 的默认值设置为 buy000000。输入命令：

```
show full columns from sz_order;
```

按 Enter 键。数据字段 ordernum 的 Default 属性为 buy000000，如图 9-53 所示。

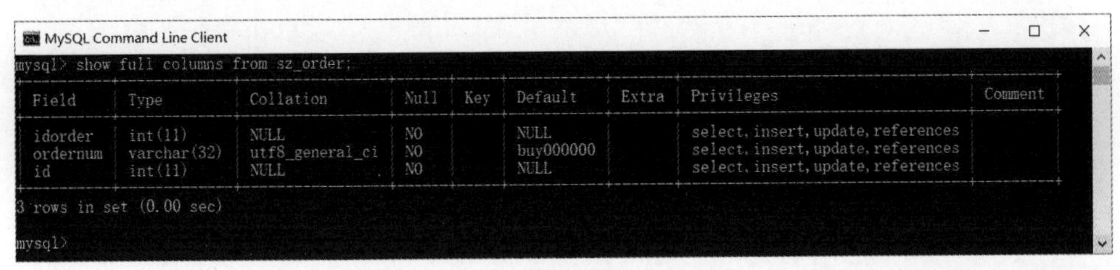

图 9-53

第 10 章

运算操作

本章要点

- 学习使用“+”操作符进行加法运算。
- 学习使用“-”操作符进行减法运算。
- 学习使用“*”操作符进行乘法运算。
- 学习使用“/”操作符进行除法运算。
- 学习进行求和运算。
- 学习求平均值、查询最小值、查询最大值。

10.1 加法

语法

```
select 数据字段 1 +数据字段 2 from 数据表;
```

如图 10-1 所示，数据表 sz_student 中存储了 4 名学生的英语成绩和数学成绩。老师需要查询每个学生的英语成绩和数学成绩之和，应如何操作？

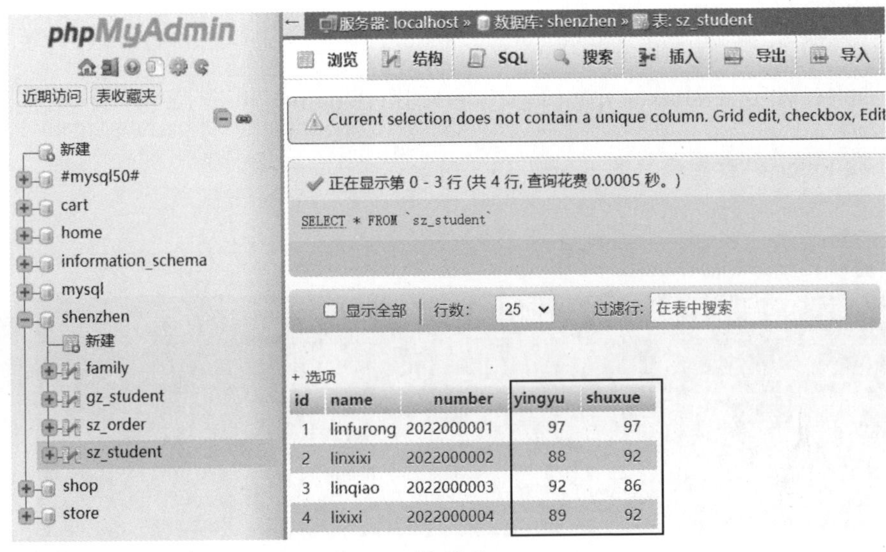

图 10-1

步骤 1 ▶▶ 进入 MySQL 命令模式，输入命令：

```
use shenzhen;
```

按 Enter 键后，输入命令：

```
select yingyu+shuxue from sz_student;
```

按 Enter 键后，显示数据字段 yingyu 和数据字段 shuxue 的总和，如图 10-2 所示。

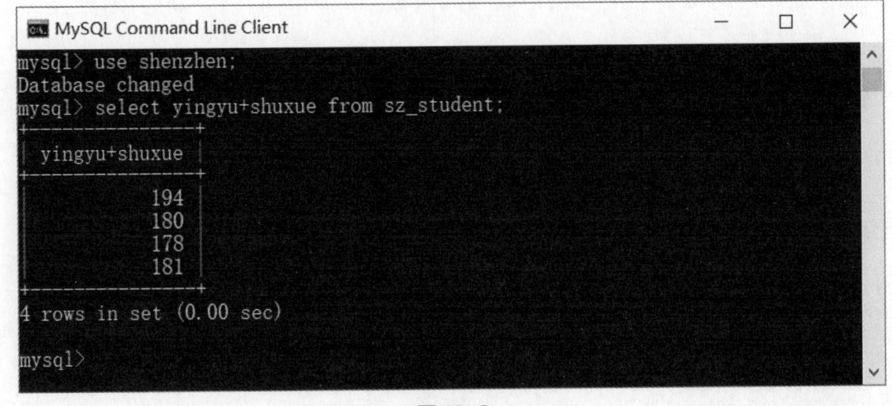

图 10-2

步骤 2 ▶▶ 查询 linfurong 学生的英语成绩和数学成绩之和。输入命令：

```
select yingyu+shuxue from sz_student where name='linfurong';
```

按 Enter 键后显示结果，如图 10-3 所示。

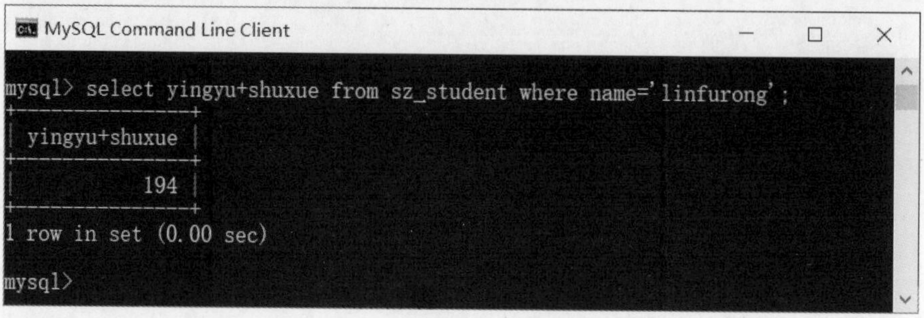

```
mysql> select yingyu+shuxue from sz_student where name='linfurong';
+---------------+
| yingyu+shuxue |
+---------------+
|           194 |
+---------------+
1 row in set (0.00 sec)

mysql>
```

图 10-3

10.2 减法

语 法

```
select 数据字段 1 - 数据字段 2 from 数据表；
```

老师需要查询每个学生的英语成绩减去数学成绩的值，应如何操作？

步骤 1 ▶▶ 进入 MySQL 命令模式，输入命令：

```
use shenzhen;
```

按 Enter 键后，输入命令：

```
select yingyu-shuxue from sz_student;
```

按 Enter 键后，显示数据字段 yingyu 和数据字段 shuxue 的差，如图 10-4 所示。

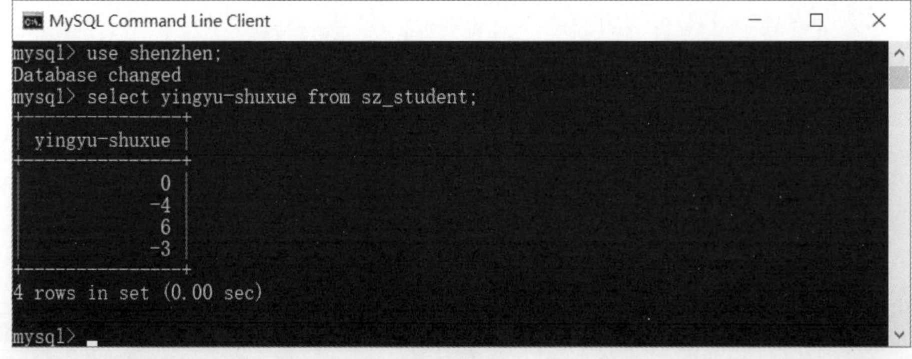

图 10-4

步骤 2 ▶▶ 如果要指定查询数据字段 name 为 linfurong 的英语成绩与数学成绩之差，则可输入命令：

```
select yingyu, shuxue, yingyu-shuxue from sz_student where name='linqiao';
```

按 Enter 键后展示结果，如图 10-5 所示。

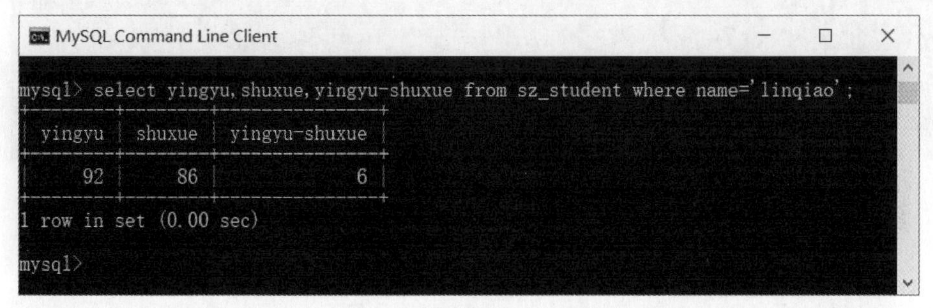

图 10-5

10.3 乘法

• 语 法 •

```
select 数据字段 1 * 数据字段 2 from 数据表;
```

老师需要查询每个学生的英语成绩与数学成绩的乘积，应如何操作？

步骤 1 ▶▶ 进入 MySQL 命令模式，输入命令：

```
use shenzhen;
```

步骤 2 ▶▶ 按 Enter 键后，输入命令：

```
select yingyu, shuxue, yingyu*shuxue from sz_student;
```

按 Enter 键后，显示数据字段 yingyu 和数据字段 shuxue 的乘积，如图 10-6 所示。

图 10-6

10.4 除法

• 语 法 •

```
select 数据字段 1 / 数据字段 2 from 数据表 ;
```

老师需要查询每个学生的英语成绩除以数学成绩的商，应如何操作？

步骤 1 ▶▶ 进入 MySQL 命令模式，输入命令：

```
use shenzhen;
```

步骤 2 ▶▶ 按 Enter 键后，输入命令：

```
select yingyu, shuxue, yingyu/shuxue from sz_student;
```

按 Enter 键后，显示数据字段 yingyu 除以数据字段 shuxue 的商，如图 10-7 所示。

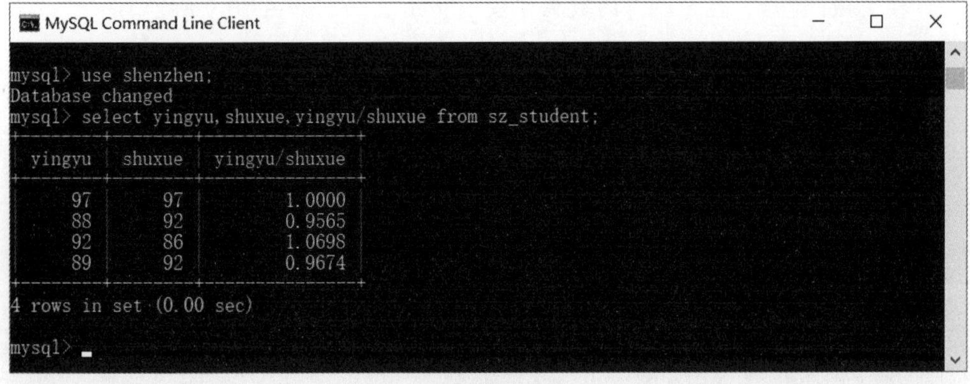

图 10-7

10.5 求和

• 语 法 •

```
select sum(数据字段)from 数据表;
```

如图 10-8 所示，数据表 sz_student 中存储了 4 名学生的英语成绩和数学成绩。老师需要查询所有学生的英语成绩之和，应如何操作？

+ 选项

id	name	number	yingyu	shuxue
1	linfurong	2022000001	97	97
2	linxixi	2022000002	88	92
3	linqiao	2022000003	92	86
4	lixixi	2022000004	89	92

图 10-8

步骤 1 ▶▶ 进入 MySQL 命令模式，输入命令：

```
select sum(yingyu) from sz_student;
```

按 Enter 键后，显示所有的数据字段 yingyu 的和，如图 10-9 所示。

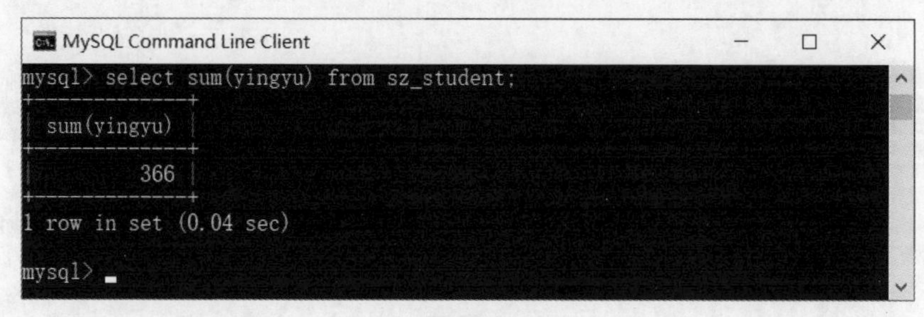

图 10-9

步骤 2 ▶▶ 数据字段 name 能否求和呢？如果不能求和，则对数据字段 name 求和，会得出什么结果呢？输入命令：

```
select sum(name),sum(yingyu),sum(shuxue) from sz_student;
```

按 Enter 键后，name 求和的结果为 0，可见 TEXT 类型的数据是不能求和的，如图 10-10 所示。

```
MySQL Command Line Client
mysql> select sum(name),sum(yingyu),sum(shuxue) from sz_student;
+-----------+-------------+-------------+
| sum(name) | sum(yingyu) | sum(shuxue) |
+-----------+-------------+-------------+
|         0 |         366 |         367 |
+-----------+-------------+-------------+
1 row in set, 4 warnings (0.00 sec)

mysql>
```

图 10-10

10.6 求平均值

• 语 法 •

```
select avg（数据字段）from 数据表；
```

如图 10-11 所示，数据表 sz_student 中存储了 4 名学生的英语成绩和数学成绩。老师需要查询所有学生的英语成绩的平均值，以及所有学生的数学成绩的平均值，应如何操作？

+ 选项

id	name	number	yingyu	shuxue
1	linfurong	2022000001	97	97
2	linxixi	2022000002	88	92
3	linqiao	2022000003	92	86
4	lixixi	2022000004	89	92

图 10-11

进入 MySQL 命令模式，输入命令：

```
select avg(yingyu),avg(shuxue) from sz_student;
```

按 Enter 键后，显示数据字段 yingyu 的平均值和数据字段 shuxue 的平均值。4 名学生的英语平均成绩是为 91.5000 分，4 名学生的数学平均成绩为 91.7500 分，如图 10-12 所示。

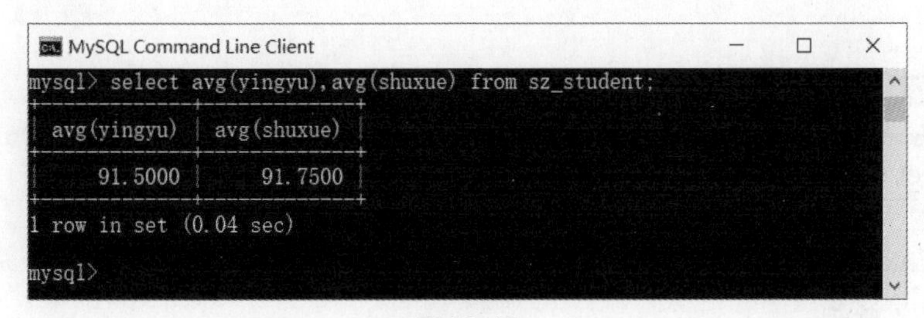

```
MySQL Command Line Client
mysql> select avg(yingyu),avg(shuxue) from sz_student;
+-------------+-------------+
| avg(yingyu) | avg(shuxue) |
+-------------+-------------+
|     91.5000 |     91.7500 |
+-------------+-------------+
1 row in set (0.04 sec)

mysql>
```

图 10-12

10.7 查询最小值

• 语 法 •

```
select min(数据字段) from 数据表;
```

数据表 sz_student 中存储了 4 名学生的英语成绩和数学成绩。老师需要查询在 4 名学生中，数学成绩和英语成绩的最低分分别是多少，应如何操作？

步骤 1 ▶▶ 进入 MySQL 命令模式，输入命令：

```
select min(shuxue) from sz_student;
```

按 Enter 键后，显示数据字段 shuxue 的最小值。数学成绩的最低分是 86 分，如图 10-13 所示。

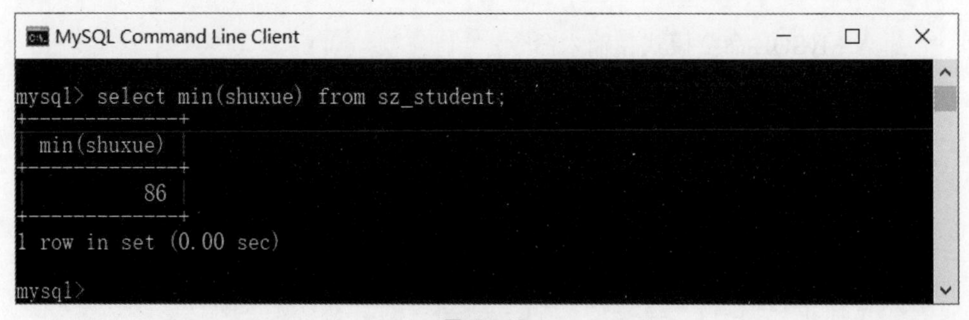

图 10-13

步骤 2 ▶▶ 如果要查询英语成绩的最低分，则可输入命令：

```
select min(yingyu) from sz_student;
```

按 Enter 键后，可显示数据字段 yingyu 的最小值。英语成绩的最低分是 88 分，如图 10-14 所示。

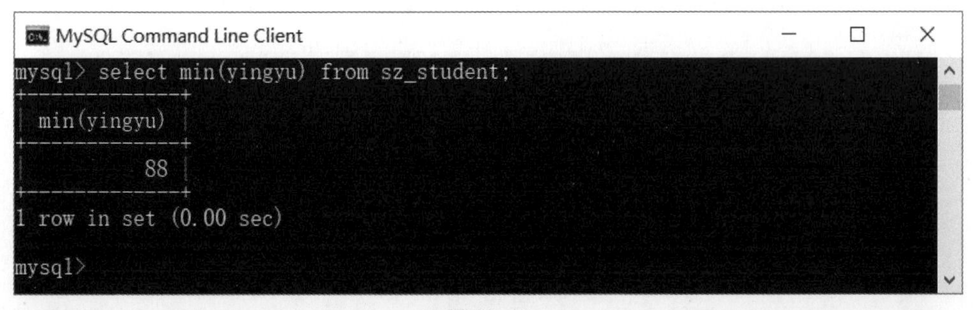

图 10-14

10.8 查询最大值

语 法

```
select max(数据字段)from 数据表;
```

数据表 sz_student 中存储了 4 名学生的英语成绩和数学成绩。老师需要查询在 4 名学生中，数学成绩和英语成绩的最高分是多少，应如何操作？

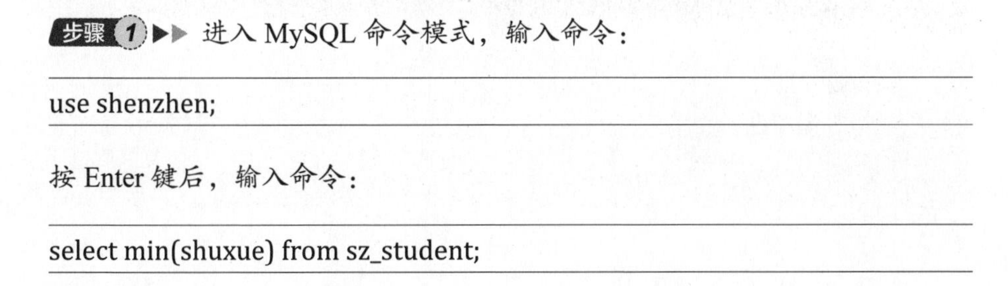

步骤 1 ▶▶ 进入 MySQL 命令模式，输入命令：

```
use shenzhen;
```

按 Enter 键后，输入命令：

```
select min(shuxue) from sz_student;
```

按 Enter 键后，显示数据字段 shuxue 的最大值。数学成绩的最高分为 97 分，如图 10-15 所示。

图 10-15

步骤 2 ▶▶ 如果要查询英语成绩的最高分，则可输入命令：

```
select max(yingyu) from sz_student;
```

按 Enter 键后，可显示数据字段 yingyu 的最大值。英语成绩的最高分为 97 分，如图 10-16 所示。

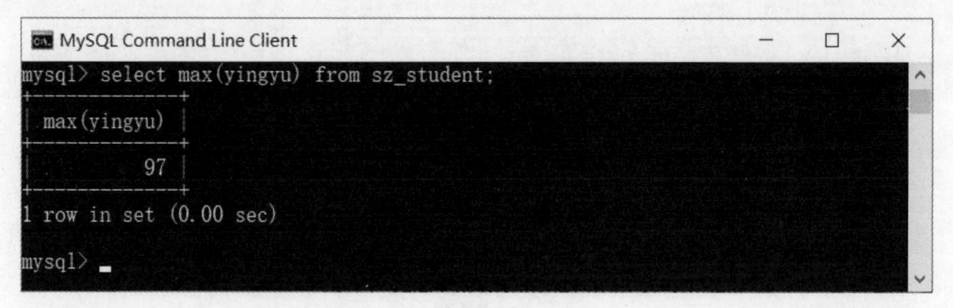

图 10-16

第 11 章

日期函数

本章要点

- 学习查询当前的日期和时间。
- 学习查询当年的第一天和最后一天。
- 学习查询当前周的第一天和最后一天。

11.1 查询当前的日期和时间

语法

```
select now();
```

如何查询当前的日期和时间呢？

步骤 1 ▶▶ 进入 MySQL 命令模式，输入命令：

```
select now();
```

步骤 2 ▶▶ 按 Enter 键后，显示执行查询操作时的日期和时间，如图 11-1 所示。

```
MySQL Command Line Client
mysql> select now();
+---------------------+
| now()               |
+---------------------+
| 2022-04-18 17:35:17 |
+---------------------+
1 row in set (0.00 sec)

mysql>
```

图 11-1

11.2 查询当前的日期

```
select curdate();
```

如何查询当前的日期呢?

步骤 1 ▶▶ 进入 MySQL 命令模式，输入命令：

```
select curdate();
```

步骤 2 ▶▶ 按 Enter 键后，显示执行查询操作时的日期，如图 11-2 所示。

图 11-2

11.3 查询当前的时间

• 语 法 •

```
select curtime();
```

如何查询当前的时间呢？

步骤 1 ▶▶ 进入 MySQL 命令模式，输入命令：

```
select curtime();
```

步骤 2 ▶▶ 按 Enter 键后，显示执行查询操作时的时间，如图 11-3 所示。

图 11-3

11.4 查询当年的第一天

• 语 法 •

```
select DATE_SUB(CURDATE(),INTERVAL dayofyear(now())-1 DAY);
```

如图 11-4 所示，假设今年是 2022 年，则今年的第一天是 2022 年 1 月 1 日。如何使用 MySQL 命令查询当年的第一天呢?

2022年1月

一	二	三	四	五	六	日
27	28	29	30	31	1	2
3	4	5	6	7	8	9
10	11	12	13	14	15	16
17	18	19	20	21	22	23
24	25	26	27	28	29	30
31	1	2	3	4	5	6

图 11-4

步骤 1 ▶▶ 进入 MySQL 命令模式，输入命令：

```
select DATE_SUB(CURDATE(),INTERVAL dayofyear(now())-1 DAY);
```

步骤 2 ▶▶ 按 Enter 键后，显示当年的第一天，如图 11-5 所示。

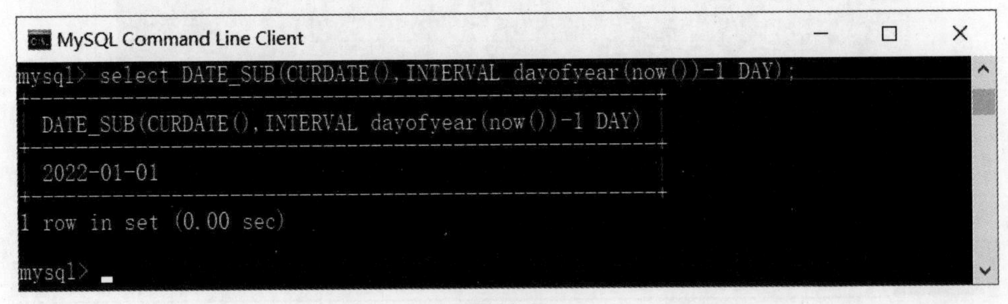

图 11-5

11.5 查询当年的最后一天 

• 语 法 •

```
select concat(YEAR(now()),'-12-31');
```

如图 11-6 所示，假设今年是 2022 年，则今年的最后一天是 2022 年 12 月 31 日。如何使用 MySQL 命令查询当年的最后一天呢?

2022年12月

一	二	三	四	五	六	日
28	29	30	1	2	3	4
5	6	7	8	9	10	11
12	13	14	15	16	17	18
19	20	21	22	23	24	25
26	27	28	29	30	31	1
2	3	4	5	6	7	8

图 11-6

步骤 1 ▶▶ 进入 MySQL 命令模式，输入命令：

```
select concat(YEAR(now()),'-12-31');
```

步骤 2 ▶▶ 按 Enter 键后，显示当年的最后一天，如图 11-7 所示。

```
MySQL Command Line Client
mysql> select concat(YEAR(now()),'-12-31');
+------------------------------+
| concat(YEAR(now()),'-12-31') |
+------------------------------+
| 2022-12-31                   |
+------------------------------+
1 row in set (0.04 sec)

mysql>
```

图 11-7

11.6 查询当前周的第一天

● 语 法 ●

```
select date_sub(curdate(),INTERVAL weekday(curdate()) + 1 day);
```

备注：默认每周的星期日为当前周的第一天。

如图 11-8 所示，假设今日是 2022 年 4 月 18 日，则当前周的第一天为 2022 年 4 月 17 日。如何使用 MySQL 命令查询当前周的第一天呢？

2022年4月

一	二	三	四	五	六	日
28 廿六	29 廿七	30 廿八	31 廿九	1 三月	2 初二	3 初三
4 初四	5 清明	6 初六	7 初七	8 初八	9 初九	10 初十
11 十一	12 十二	13 十三	14 十四	15 十五	16 十六	17 十七
18 十八	19 十九	20 谷雨	21 廿一	22 廿二	23 廿三	24 廿四
25 廿五	26 廿六	27 廿七	28 廿八	29 廿九	30 三十	1 劳动节
2 初二	3 初三	4 初四	5 立夏	6 初六	7 初七	8 初八

图 11-8

步骤 1 ▶▶ 进入 MySQL 命令模式，输入命令：

```
select date_sub(curdate(),INTERVAL weekday(curdate()) + 1 day);
```

步骤 2 ▶▶ 按 Enter 键后，显示当前周的第一天，如图 11-9 所示。

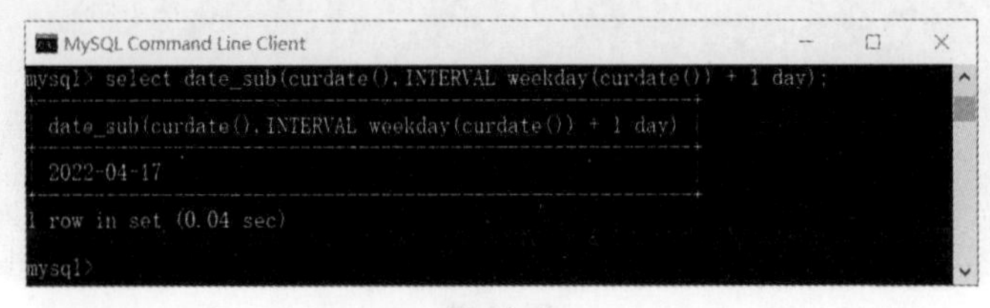

图 11-9

11.7 查询当前周的最后一天

• 语 法 •

```
select date_sub(curdate(),INTERVAL weekday(curdate()) - 5 DAY);
```

备注：默认每周的星期六为当前周的最后一天。

如图 11-10 所示，假设今日是 2022 年 4 月 19 日，则当前周的最后一天为 2022 年 4 月 23 日。如何使用 MySQL 命令查询当前周的最后一天呢？

图 11-10

步骤 1 ▶▶ 进入 MySQL 命令模式，输入命令：

```
select date_sub(curdate(),INTERVAL weekday(curdate()) - 5 DAY);
```

步骤 2 ▶▶ 按 Enter 键后，显示当前周的最后一天，如图 11-11 所示。

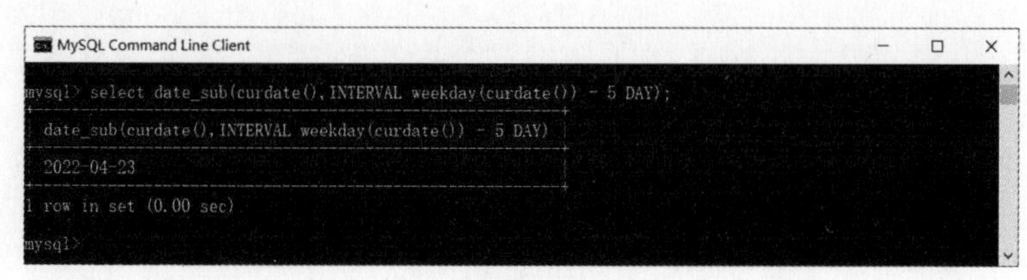

图 11-11

拓 展

（1）如何查询上周的第一天呢？

语法：`select date_sub(curdate(),INTERVAL WEEKDAY(curdate()) +8 DAY);`

备注：默认上周的星期日为上周的第一天。+1 day 为当前周的第一天，+8 day 为上周的第一天，+15 day 为前 2 周的第一天。

（2）如何查询上周的最后一天呢？

语法：`select date_sub(curdate(),INTERVAL weekday(curdate()) +2 day);`

备注：默认上周的星期六为上周的最后一天。-5 day 为当前周的最后一天，+2 day 为上周的最后一天，+9 day 为前 2 周的最后一天。

第12章 视 图

本章要点

- 学习创建视图。
- 学习查询视图。
- 学习删除视图。
- 学习创建统计视图。

视图（view）是一种常见的数据库对象。正确运用视图可提高数据访问的效率和安全性。

数据表存储数据内容和数据字段。不同于数据表，视图本身不包含任何数据。简单来说，视图只调用数据表的数据，如果数据表发生变化，则视图也跟着一起变化。视图常用于数据分析。

视图有如下优点。

- **安全性：**视图有利于提高数据访问的安全性。通过视图，往往只能访问数据库中的指定内容。
- **简化操作：**视图简化了对数据的查询，隐藏查询的复杂性。视图的数据来源于一个数据表或多个数据表的复杂查询。
- **访问集中：**一个视图可检索多个数据表的数据内容，将多个数据表整合到一个视图里，这样就可以通过访问一个视图，访问多个数据表。
- **权限划分：**视图可以使用户以不同的方式查看数据内容，相当于提供了用户的查询权限。

12.1 创建视图

• 语 法 •

```
create view 视图（视图字段）as select 数据字段 from 数据表;
```

如图 12-1 所示，数据表 sz_student 存储了 4 名学生的信息。老师需要创建一个视图，将数据字段 name、number、yingyu 和 shuxue 分别显示为姓名、学号、英语、数学，应如何操作？

+ 选项

id	name	number	yingyu	shuxue
1	linfurong	2022000001	97	97
2	linxixi	2022000002	88	92
3	linqiao	2022000003	92	86
4	lixixi	2022000004	89	92

图 12-1

进入 MySQL 命令模式，输入命令：

```
create view 学生的成绩 ( 姓名 , 学号 , 英语 , 数学 ) as select name,number,
yingyu,shuxue from sz_student;
```

按 Enter 键后，显示：

```
Query OK, 0 rows affected (0.06 sec)
```

代表成功创建视图，视图的名称为“学生的成绩”，如图 12-2 所示。

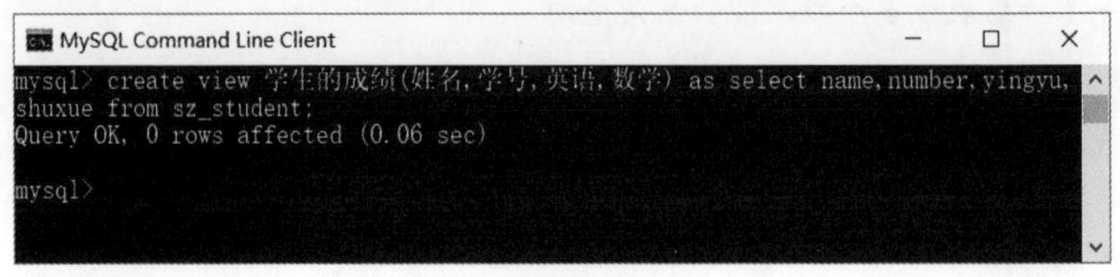

图 12-2

12.2 查询视图

• 语 法 •

```
select * from 视图;
```

如图 12-3 所示，视图“学生的成绩”展示了姓名、学号、英语、数学 4 个数据字段。如何通过视图查看数据内容呢？

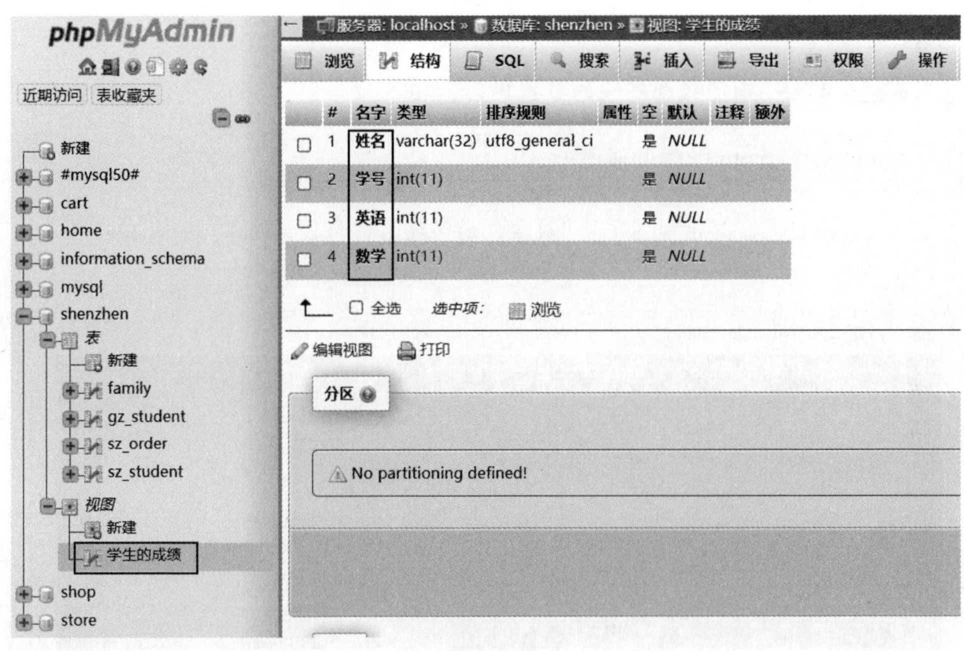

图 12-3

步骤 1 ▶▶ 进入 MySQL 命令模式，输入命令：

```
use shenzhen;
```

按 Enter 键，输入命令：

```
select * from 学生的成绩;
```

按 Enter 键后，显示 4 个视图字段：“姓名“学号”“英语”“数学”，视图中的数据内容与数据表 sz_student 的数据内容一致，如图 12-4 所示。

```
MySQL Command Line Client
mysql> select * from 学生的成绩;
+-----------+------------+------+------+
| 姓名      | 学号       | 英语 | 数学 |
+-----------+------------+------+------+
| linfurong | 2022000001 |   97 |   97 |
| linxixi   | 2022000002 |   88 |   92 |
| linqiao   | 2022000003 |   92 |   86 |
| lixixi    | 2022000004 |   89 |   92 |
+-----------+------------+------+------+
4 rows in set (0.00 sec)

mysql>
```

图 12-4

步骤 2 ▶▶ 指定视图字段的数据内容。输入命令：

```
select 数学 from 学生的成绩;
```

按 Enter 键后，显示视图字段“数学”的字段名称和数据内容，如图 12-5 所示。

图 12-5

步骤 3 ▶▶ 查询多个视图字段的数据内容。输入命令：

```
select 英语,数学 from 学生的成绩;
```

按 Enter 键后，显示视图字段“英语”“数学”的字段名称和数据内容，如图 12-6 所示。

图 12-6

12.3 查询所有的视图

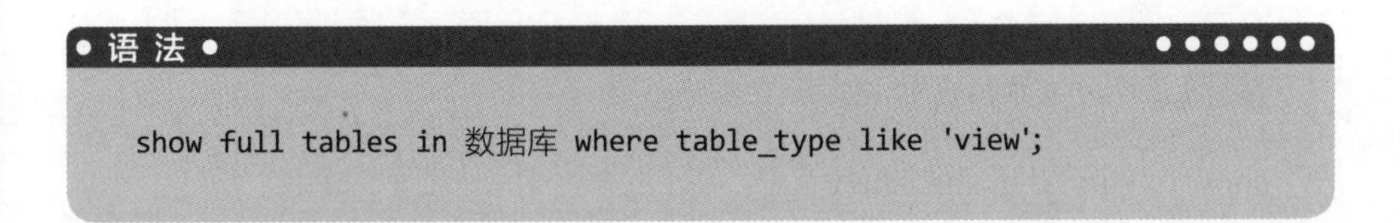
语 法

```
show full tables in 数据库 where table_type like 'view';
```

如图 12-7 所示，数据库 shenzhen 只包含一个视图“学生的成绩”。如何查询所有的视图呢？

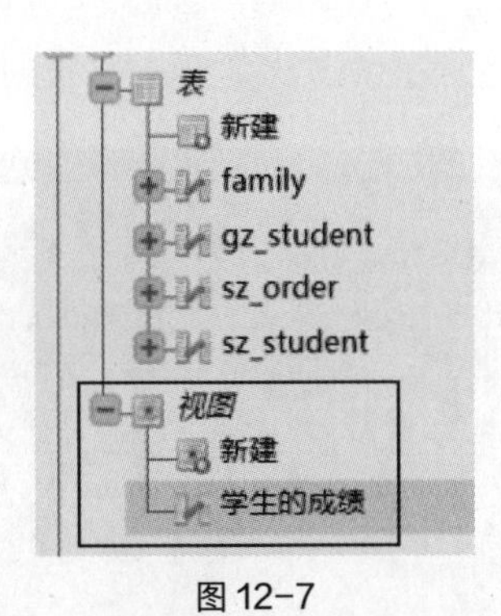

图 12-7

步骤 1 ▶▶ 进入 MySQL 命令模式，输入命令：

```
use shenzhen;
```

按 Enter 键后，输入命令：

```
show full tables in shenzhen where table_type like 'view';
```

按 Enter 键后，显示所有的视图。数据库 shenzhen 只包含视图“学生的成绩”，如图 12-8 所示。

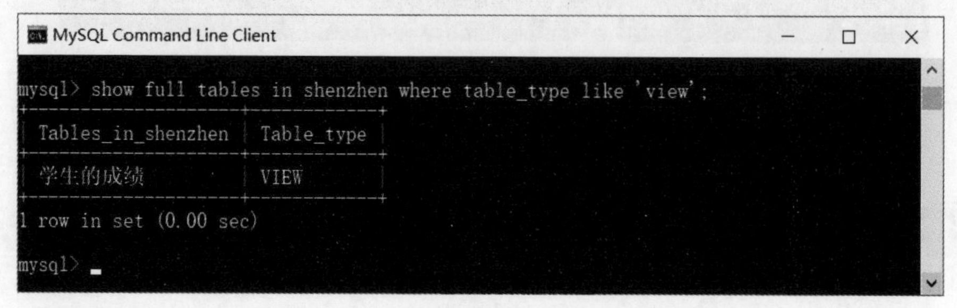

图 12-8

步骤 2 ▶▶ 查询所有的视图和数据表。输入命令：

```
show full tables in shenzhen;
```

按 Enter 键后，显示数据库 shenzhen 中包含的所有视图和数据表。数据库 shenzhen 包含视图“学生的成绩”，也包含数据表 family、gz_student、sz_order 和 sz_student，如图 12-9 所示。

```
MySQL Command Line Client
mysql> show full tables in shenzhen;
+--------------------+------------+
| Tables_in_shenzhen | Table_type |
+--------------------+------------+
| 学生的成绩         | VIEW       |
| family             | BASE TABLE |
| gz_student         | BASE TABLE |
| sz_order           | BASE TABLE |
| sz_student         | BASE TABLE |
+--------------------+------------+
5 rows in set (0.00 sec)

mysql>
```

图 12-9

12.4　删除视图

• 语 法 •

```
drop view 视图;
```

如图 12-10 所示，在数据库 shenzhen 中，先创建视图“数学成绩统计”，该视图用于查看学生的数学成绩。老师在查看数学成绩后，想删除该视图，应如何操作？

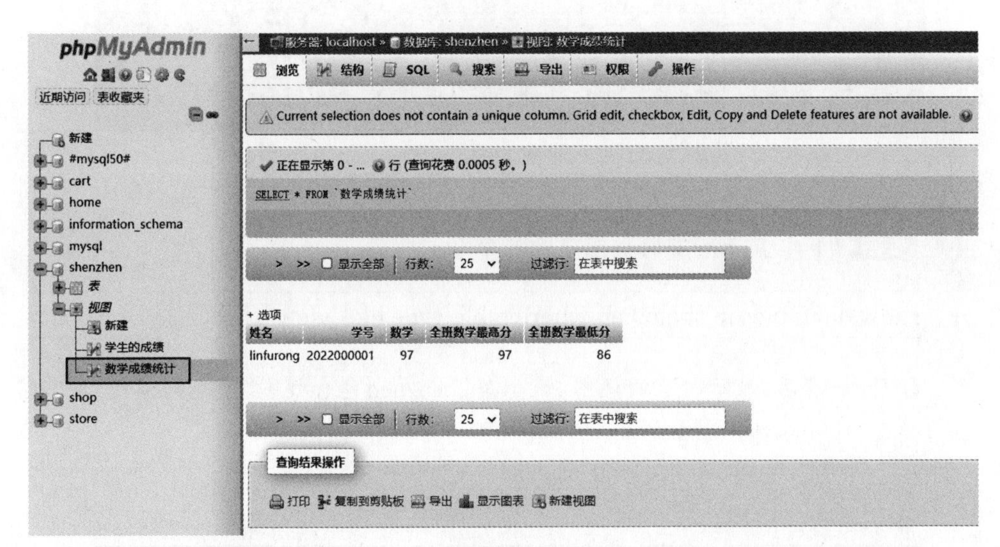

图 12-10

步骤 1 ▶▶ 进入 MySQL 命令模式，输入命令：

```
create view 数学成绩统计 ( 姓名 , 学号 , 数学 , 全班数学最高分 , 全班数学最 低 分 ) as select name,number,shuxue,max(shuxue),min(shuxue) from sz_student;
```

按 Enter 键后，成功创建视图“数学成绩统计”，如图 12-11 所示。

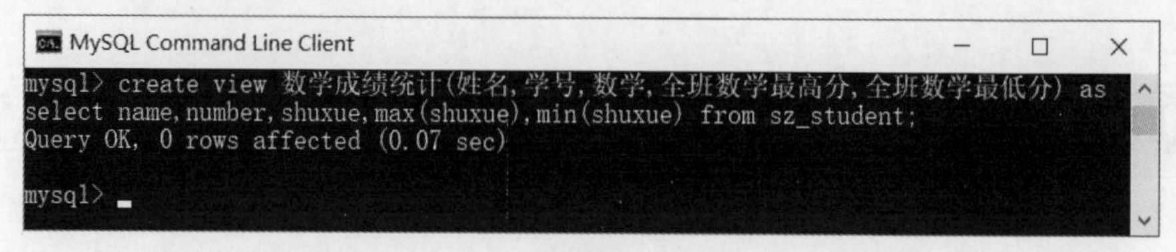

图 12-11

步骤 2 ▶▶ 输入命令：

```
select * from 数学成绩统计；
```

按 Enter 键后，显示视图“数学成绩统计”的具体内容，如图 12-12 所示。

MySQL Command Line Client

```
mysql> select * from 数学成绩统计;
+-----------+------------+------+----------------+----------------+
| 姓名      | 学号       | 数学 | 全班数学最高分 | 全班数学最低分 |
+-----------+------------+------+----------------+----------------+
| linfurong | 2022000001 |   97 |             97 |             86 |
+-----------+------------+------+----------------+----------------+
1 row in set (0.00 sec)

mysql>
```

图 12-12

步骤 3 ▶▶ 显示所有的视图。输入命令：

```
show full tables in shenzhen where table_type like 'view';
```

按 Enter 键后，显示所有的视图。数据库 shenzhen 包含视图“学生的成绩”和“数学成绩统计”，如图 12-13 所示。

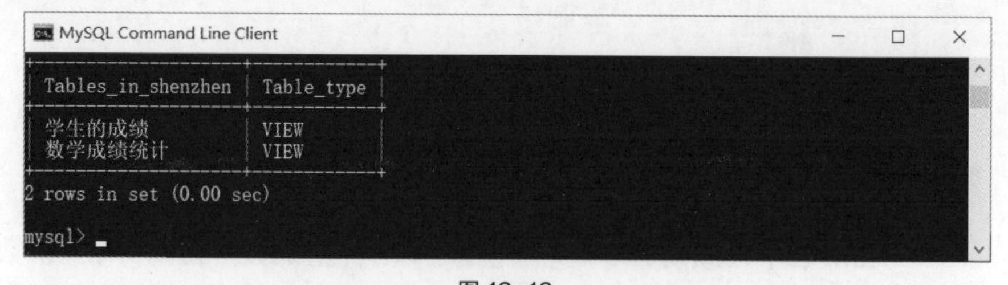

图 12-13

步骤 4 ▶▶ 删除视图。输入命令：

```
drop view 数学成绩统计；
```

按 Enter 键后，成功删除视图“数学成绩统计”，如图 12-14 所示。

图 12-14

步骤 5 ▶▶ 验证是否成功删除视图。输入命令：

```
show full tables in shenzhen where table_type like 'view';
```

按 Enter 键后，显示所有的视图。数据库 shenzhen 不包含视图“数学成绩统计”，表示已成功删除视图“数学成绩统计”，如图 12-15 所示。

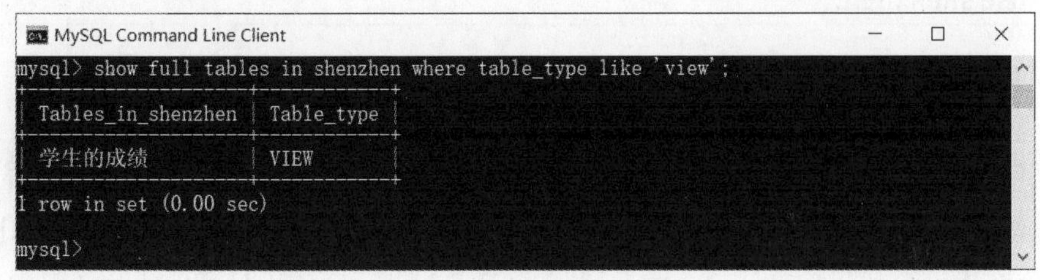

图 12-15

12.5 创建统计视图

• 语 法 •

```
select max（数据字段 1）, min（数据字段 1）, sum（数据字段 1）, avg（数据字段 1）, max（数据字段 2）, min（数据字段 2）, sum（数据字段 2）, avg（数据字段 2）from 数据表;
```

如图 12-16 所示，在数据库 shenzhen 中，存在视图“学生的成绩”。现在需要创建统计视图“学生成绩统计”，分别统计学生英语成绩和数学成绩的最高分、最低分、平均分和总分。

+ 选项

←T→	姓名	学号	英语	数学
☐ 编辑 复制 删除	linfurong	2022000001	97	97
☐ 编辑 复制 删除	linxixi	2022000002	88	92
☐ 编辑 复制 删除	linqiao	2022000003	92	86
☐ 编辑 复制 删除	lixixi	2022000004	89	92

☐ 全选　选中项：编辑　复制　删除　导出

图 12-16

步骤 1 ▶▶ 进入 MySQL 命令模式，输入命令：

```
use shenzhen;
```

按 Enter 键后，输入命令：

```
create view 学生成绩统计 ( 英语最高分 , 英语最低分 , 英语平均分 , 英语总分 , 数学最高分 , 数学最低分 , 数学平均分 , 数学总分 ) as select max(yingyu),min(yingyu),sum(yingyu),avg(yingyu),max(shuxue),min(shuxue),sum(shuxue),avg(shuxue) from sz_student;
```

按 Enter 键后，成功创建统计视图“学生成绩统计”，如图 12-17 所示。

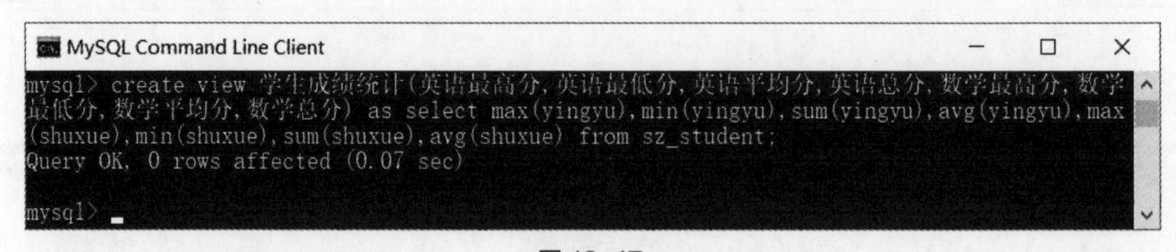

图 12-17

步骤 2 ▶▶ 验证是否成功创建视图“学生成绩统计”。输入命令：

```
show full tables in shenzhen where table_type like 'view';
```

按 Enter 键后，显示所有的视图，可见已经存在名为“学生成绩统计”的视图，如图 12-18 所示。

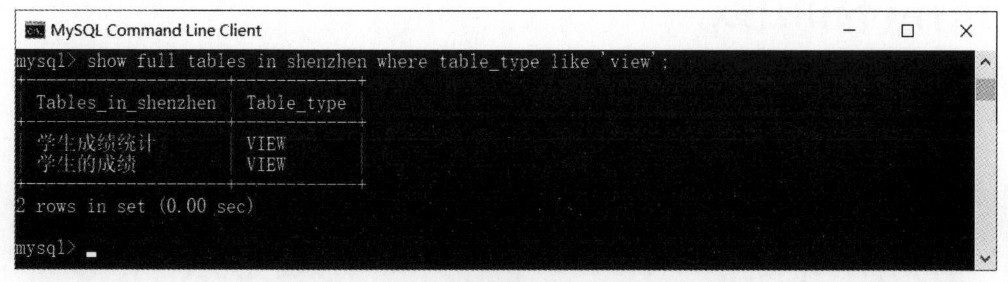

图 12-18

步骤 3 ▶▶ 查询视图“学生成绩统计”的内容。输入命令：

```
select * from 学生成绩统计 ;
```

按 Enter 键后，显示视图“学生成绩统计”的具体内容，如图 12-19 所示。

MySQL Command Line Client

mysql> select * from 学生成绩统计;

英语最高分	英语最低分	英语平均分	英语总分	数学最高分	数学最低分	数学平均分	数学总分
97	88	366	91.5000	97	86	367	91.7500

1 row in set (0.00 sec)

mysql>

图 12-19

第 13 章

操作符和函数

本章要点

- 学习 union 操作符的用法。
- 学习 union all 操作符的用法。
- 学习 ucase 函数的用法。
- 学习 lcase 函数的用法。
- 学习 mid 函数的用法。
- 学习 now 函数的用法。

13.1 union 操作符

语法

```
select 数据字段 from 数据表 1 union select 数据字段 from 数据表 2;
```

图 13-1 和图 13-2 分别展示了数据表 gz_student 和 sz_student 的具体内容。这两个数据表中均有学生 linfurong 和学生 lixixi。老师想查询所有不重名的学生，应如何操作？

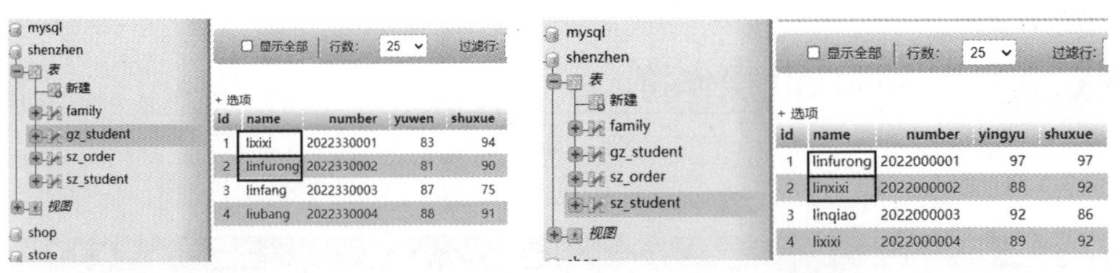

id	name	number	yuwen	shuxue
1	lixixi	2022330001	83	94
2	linfurong	2022330002	81	90
3	linfang	2022330003	87	75
4	liubang	2022330004	88	91

图 13-1

id	name	number	yingyu	shuxue
1	linfurong	2022000001	97	97
2	linxixi	2022000002	88	92
3	linqiao	2022000003	92	86
4	lixixi	2022000004	89	92

图 13-2

步骤 1 ▶▶ 输入命令：

```
select name from gz_student union select name from sz_student;
```

按 Enter 键后，显示名字不重复的学生，如图 13-3 所示。

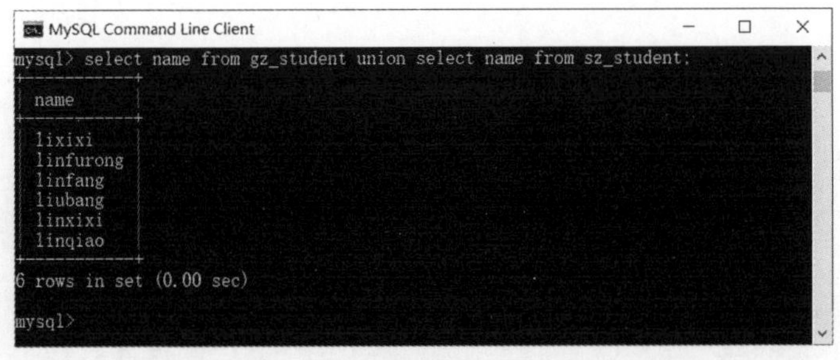

图 13-3

步骤 2 ▶▶ 如果学生的姓名重复，学号和成绩不重复，则姓名重复的数据内容也会显示。输入命令：

```
select * from gz_student union select * from sz_student;
```

按 Enter 键后，显示查询内容，如图 13-4 所示。

```
MySQL Command Line Client
mysql> select * from gz_student union select * from sz_student;
+----+-----------+------------+-------+--------+
| id | name      | number     | yuwen | shuxue |
+----+-----------+------------+-------+--------+
|  1 | lixixi    | 2022330001 |    83 |     94 |
|  2 | linfurong | 2022330002 |    81 |     90 |
|  3 | linfang   | 2022330003 |    87 |     75 |
|  4 | liubang   | 2022330004 |    88 |     91 |
|  1 | linfurong | 2022000001 |    97 |     97 |
|  2 | linxixi   | 2022000002 |    88 |     92 |
|  3 | linqiao   | 2022000003 |    92 |     86 |
|  4 | lixixi    | 2022000004 |    89 |     92 |
+----+-----------+------------+-------+--------+
8 rows in set (0.00 sec)

mysql>
```

图 13-4

13.2 union all 操作符

● 语 法 ●

```
select 数据字段 from 数据表1 union all select 数据字段 from 数据表2;
```

图 13-5 和图 13-6 分别展示了数据表 gz_student 和数据表 sz_student 的具体内容。老师想查询这两个数据表中所有学生的姓名（姓名重复的学生也一并展示），应如何操作？

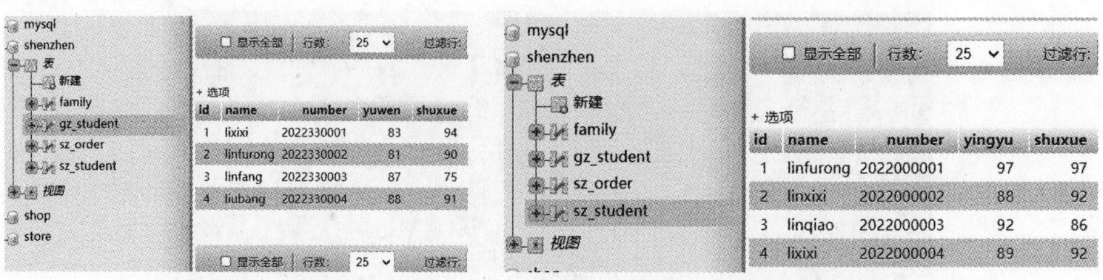

图 13-5　　　　图 13-6

步骤 1 ▶▶ 输入命令：

```
select name from gz_student union all select name from sz_student;
```

步骤 2 ▶▶ 按 Enter 键后，显示所有学生的名字，如图 13-7 所示。

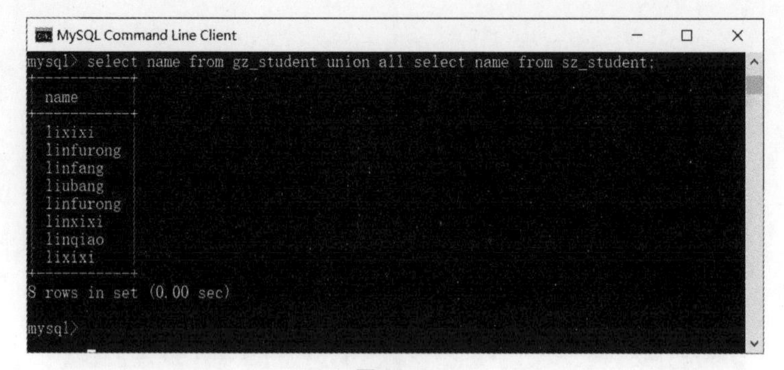

图 13-7

13.3 ucase 函数

• 语 法 •

```
select ucase(数据字段) from 数据表;
```

备注：ucase 函数可将数据字段的值转换成大写形式。

如何在查询学生的姓名时，将学生的姓名转换为大写形式呢？

步骤 1 ▶▶ 进入 MySQL 命令模式，输入命令：

```
use shenzhen;
```

步骤 2 ▶▶ 按 Enter 键后，输入命令：

```
select ucase(name) from gz_student;
```

按 Enter 键后，显示所有学生的姓名，并将学生的姓名转换为大写形式，如图 13-8 所示。

图 13-8

13.4 lcase 函数

语法

```
select lcase（数据字段）from 数据表；
```

备注：函数将数据字段的值转换成小写形式。

如何在查询学生的姓名时，将学生的姓名转换为小写形式呢？

步骤 1 ▶▶ 进入 MySQL 命令模式，输入命令：

```
use shenzhen;
```

步骤 2 ▶▶ 按 Enter 键后，输入命令：

```
select lcase(name) from gz_student;
```

按 Enter 键后，显示所有学生的姓名，并将学生的姓名转换为小写形式，如图 13-9 所示。

```
MySQL Command Line Client
mysql> select lcase(name) from gz_student;
+---------------+
| Lcase(name)   |
+---------------+
| lixixi        |
| linfurong     |
| linfang       |
| liubang       |
+---------------+
4 rows in set (0.00 sec)

mysql>
```

图 13-9

13.5 mid 函数

• 语 法 •

select mid(数据字段 , 开始字符 , 字符的显示数量) as 新数据字段 from 数据表 ;

备注: mid 函数用于从文本字段中提取字符。

在查询学生的姓名时，如何只显示姓名的前 4 个字符呢?

步骤 1 ▶▶ 进入 MySQL 命令模式，输入命令:

```
use shenzhen;
```

步骤 2 ▶▶ 按 Enter 键后，输入命令:

```
select mid(name,1,4) as Smallname from gz_student;
```

按 Enter 键后，只显示学生姓名的前 4 个字符，如图 13-10 所示。

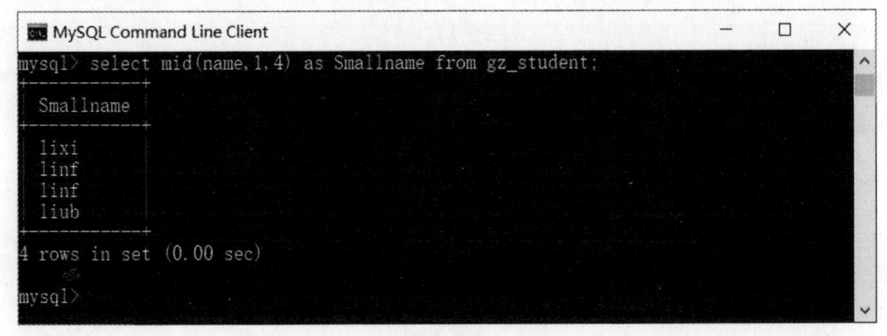

图 13-10

步骤 3 ▶▶ 若想显示学生姓名第 2 位至第 5 位的字符，则应如何操作? 输入命令:

```
select mid(name,2,4) as Smallname from gz_student;
```

按 Enter 键后，展示了学生姓名的第 2 位至第 5 位字符，如图 13-11 所示。

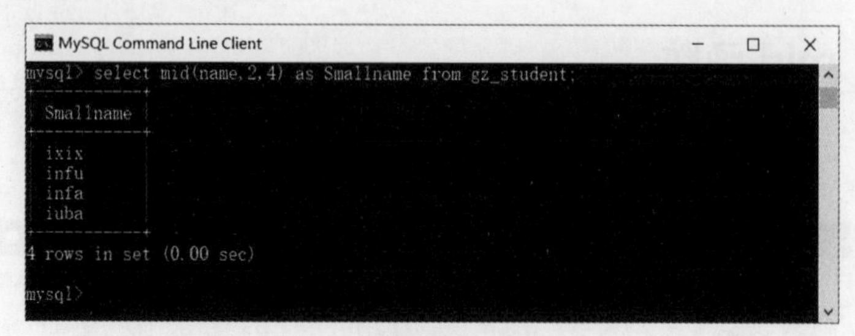

图 13-11

13.6 now 函数

• 语 法 •

```
select *,now() from 数据表;
```

如何在查询数据表 gz_student 时，显示查询的时间呢？

步骤 1 ▶▶ 进入 MySQL 命令模式，输入命令：

```
use shenzhen;
```

步骤 2 ▶▶ 按 Enter 键后，输入命令：

```
select *,now() from gz_student;
```

按 Enter 键后，显示数据表 gz_student 的所有内容，并显示查询时间，如图 13-12 所示。

```
MySQL Command Line Client
mysql> select *,now() from gz_student;
+----+------------+------------+-------+--------+---------------------+
| id | name       | number     | yuwen | shuxue | now()               |
+----+------------+------------+-------+--------+---------------------+
|  1 | lixixi     | 2022330001 |    83 |     94 | 2022-04-21 15:39:15 |
|  2 | linfurong  | 2022330002 |    81 |     90 | 2022-04-21 15:39:15 |
|  3 | linfang    | 2022330003 |    87 |     75 | 2022-04-21 15:39:15 |
|  4 | liubang    | 2022330004 |    88 |     91 | 2022-04-21 15:39:15 |
+----+------------+------------+-------+--------+---------------------+
4 rows in set (0.00 sec)

mysql>
```

图 13-12

第 14 章

备份与恢复

本章要点

- 学习使用 phpMyAdmin 软件备份、恢复数据库文件。
- 学习手动备份、恢复数据库文件。
- 学习使用宝塔软件备份、恢复数据库文件。

14.1 phpMyAdmin 软件备份数据库文件

phpMyAdmin 软件可以备份 MySQL 数据库。当使用 MySQL 数据库作为金融系统、电商系统和财务系统的数据存储工具时，建议每天对数据库进行备份。导出的数据库文件为 sql 文件。如何使用 phpMyAdmin 软件导出 sql 文件呢?

步骤 1 ▶▶ 如图 14-1 所示，打开 phpMyAdmin 软件，单击工作面板上方的“导出”按钮。在“导出方式”选区中选择“快速 - 显示最少的选项”单选按钮，在“格式”下拉列表中选择“SQL”选项。

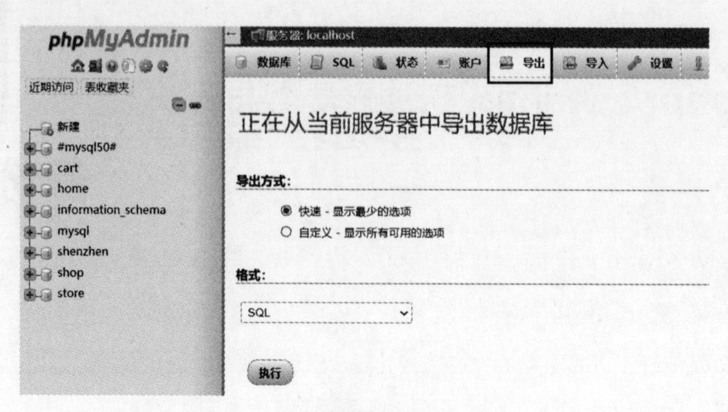

图 14-1

步骤 2 ▶▶ 单击“执行”按钮后，自动生成并下载名为“localhost.sql”的文件，如图 14-2 所示。

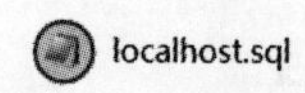

图 14-2

步骤 3 ▶▶ 使用记事本，打开“localhost.sql”文件。如图 14-3 所示，在该文件中可查看 phpMyAdmin 软件的版本、主机名、服务器版本、PHP 版本等信息。

```
localhost.sql - 记事本
文件(F) 编辑(E) 格式(O) 查看(V) 帮助(H)
-- phpMyAdmin SQL Dump
-- version 4.6.6
-- https://www.phpmyadmin.net/
--
-- Host: localhost
-- Generation Time: 2022-04-21 10:01:37
-- 服务器版本： 5.7.17-log
-- PHP Version: 5.6.30

SET SQL_MODE = "NO_AUTO_VALUE_ON_ZERO";
SET time_zone = "+00:00";


/*!40101 SET @OLD_CHARACTER_SET_CLIENT=@@CHARACTER_SET_CLIENT */;
/*!40101 SET @OLD_CHARACTER_SET_RESULTS=@@CHARACTER_SET_RESULTS */;
/*!40101 SET @OLD_COLLATION_CONNECTION=@@COLLATION_CONNECTION */;
/*!40101 SET NAMES utf8mb4 */;

--
-- Database: `#mysql50#`
--
CREATE DATABASE IF NOT EXISTS `#mysql50#` DEFAULT CHARACTER SET ;
USE `#mysql50#`;
--
-- Database: `cart`
--
CREATE DATABASE IF NOT EXISTS `cart` DEFAULT CHARACTER SET utf8 COLLATE utf8_general_ci;
USE `cart`;
```

图 14-3

14.2 phpMyAdmin 软件恢复数据库文件

使用 phpMyAdmin 软件导出 sql 文件后，可使用 phpMyAdmin 软件导入 sql 文件，从而对 MySQL 数据库进行恢复。但在恢复 MySQL 数据库时，可能会失败。建议使用与原数据库版本一致的 sql 文件，从而降低恢复失败的风险。

步骤 1 ▶▶ 数据库 shenzhen 中存在数据表 gz_student，如图 14-4 所示。

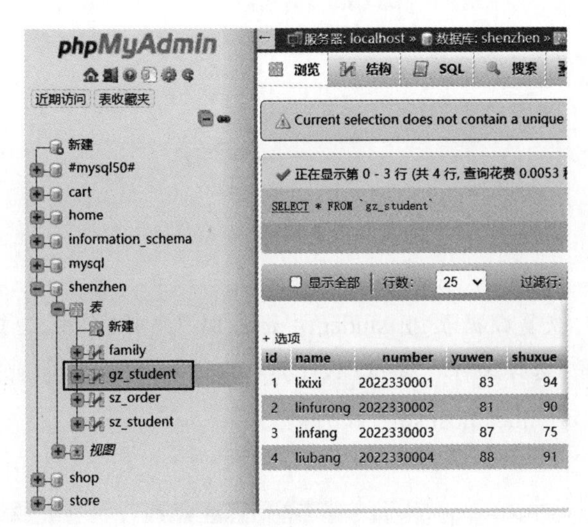

图 14-4

步骤 2 ▶▶ 删除数据表 gz_student。输入命令：

```
drop table gz_student;
```

按 Enter 键，成功删除数据表 gz_student，如图 14-5 所示。

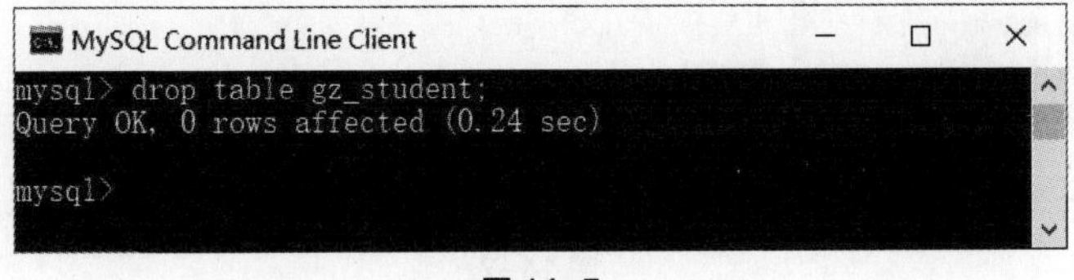

图 14-5

步骤 3 ▶▶ 使用 phpMyAdmin 软件，验证是否成功删除数据表 gz_student。如图 14-6 所示，打开 phpMyAdmin 软件，在左侧的菜单面板中选择“shenzhen”菜单命令，在工作面板中显示数据库 shenzhen 中存在的所有数据表，其中不存在数据表 gz_student，表明已成功删除数据表 gz_student。

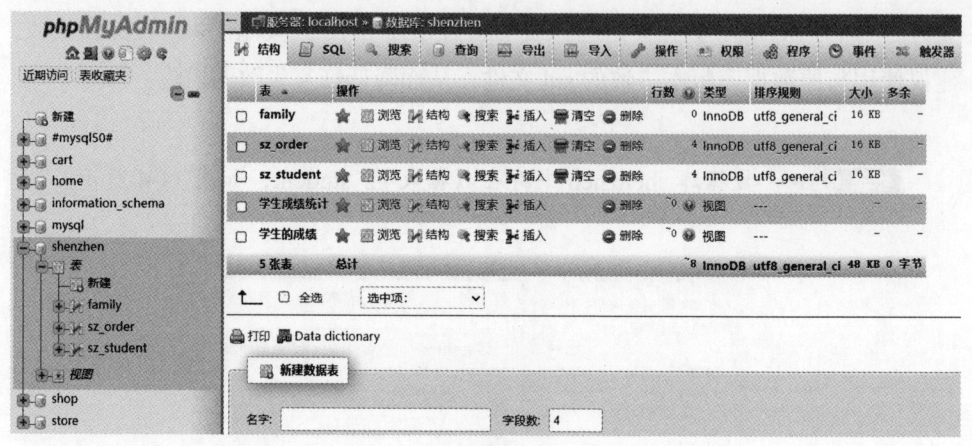

图 14-6

步骤 4 ▶▶ 恢复数据表 gz_student。如图 14-7 所示，单击工作面板上方的“导入”按钮。单击“选择文件”按钮，从计算机中选择“localhost.sql”文件并上传，上传成功后将显示“localhost.sql”文件。

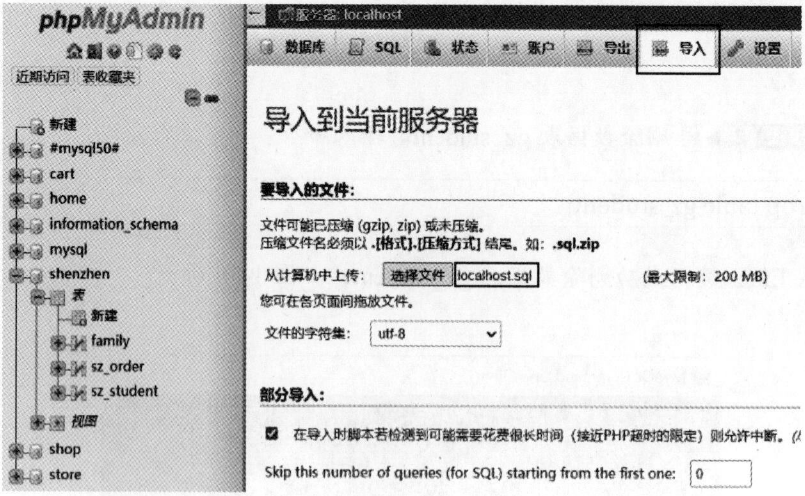

图 14-7

步骤 5 ▶▶ 单击“执行”按钮，即可恢复数据表 gz_student。

步骤 6 ▶▶ 如图 14-8 所示，在左侧的菜单面板中选择“shenzhen”菜单命令，存在数据表 gz_student，表明数据表 gz_student 恢复成功。

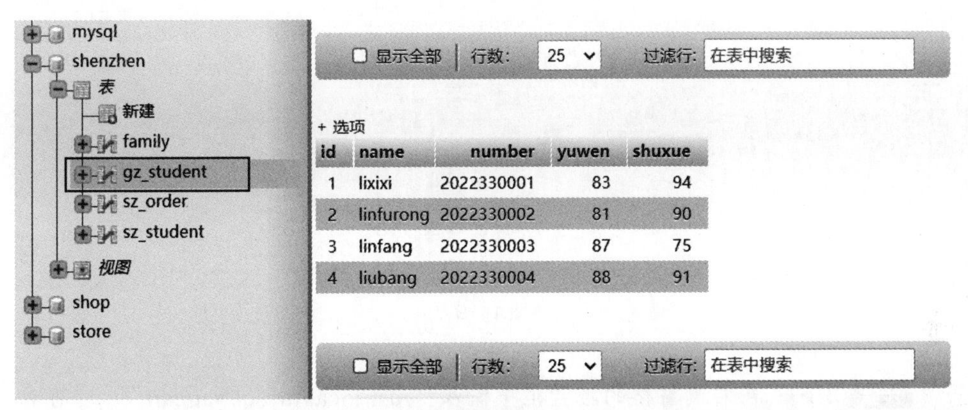

图 14-8

14.3 手动备份数据库文件

除了使用 phpMyAdmin 软件，还可以手动备份数据库文件，即使用拖曳操作进行备份。如果数据库文件较大，则备份的时间较长。手动备份数据库文件时，备份的时间取决于本地计算机和远程服务器的网络速度。可以使用 FlashFXP 软件进行手动备份。通常，Linux 服务器的数据库文件保存在路径为“/usr/local/mysql/var”的文件夹中；在 Windows 系统的计算机中，数据库文件保存在路径为“D:\AppServ\MySQL\data”的文件夹中。本节以数据库 cart 为例，介绍如何手动将 Linux 服务器的数据库文件备份至本地计算机。

步骤 1 ▶▶ 如图 14-9 所示，打开 FlashFXP 软件，在左侧窗格的搜索框中输入“D:\AppServ\MySQL\data\cart”，即可查看本地计算机中数据库 cart 的数据库文件。

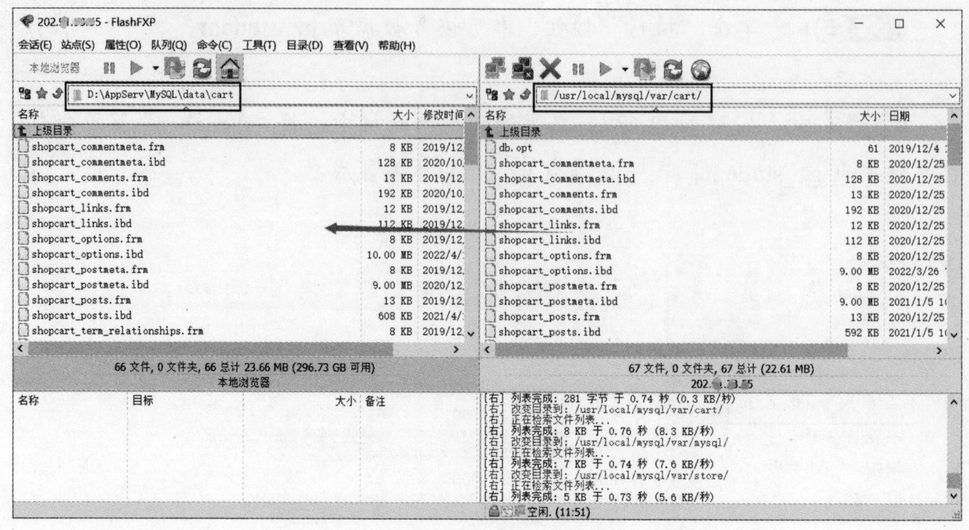

图 14-9

步骤 2 ▶▶ 在右侧窗格的搜索框中输入“/usr/local/mysql/var/cart/”，即可查看 Linux 服务器的数据库文件。

步骤 3 ▶▶ 将右侧窗格中的数据库文件选中，拖曳至左侧的窗格中，即可将 Linux 服务器的数据库文件备份至本地计算机。

14.4 手动恢复数据库文件

本节以数据库 cart 为例，介绍如何通过本地计算机的数据库文件，手动恢复 Linux 服务器中的数据库文件。

步骤 1 ▶▶ 如图 14-10 所示，打开 FlashFXP 软件，在左侧窗格的搜索框中输入“D:\AppServ\MySQL\data\cart”，即可查看本地计算机中数据库 cart 的数据库文件。

步骤 2 ▶▶ 在右侧窗格的搜索框中输入“/usr/local/mysql/var/cart/”，即可查看 Linux 服务器的数据库文件。

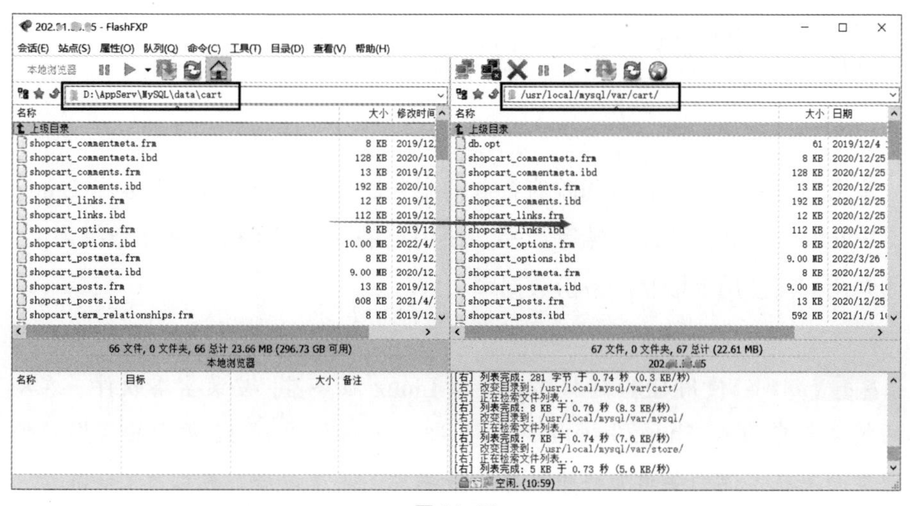

图 14-10

步骤 3 ▶▶ 将左侧窗格中的数据库文件选中，拖曳至右侧的窗格中，即可将本地计算机的数据库文件恢复至 Linux 服务器，从而恢复数据库文件。

步骤 4 ▶▶ 使用 phpMyAdmin 软件验证是否成功恢复数据库文件。打开 phpMyAdmin 软件，在左侧的菜单面板中选择“cart”菜单命令，查看数据库是否有更新的内容。图 14-11 所示，数据库 cart 已更新内容。

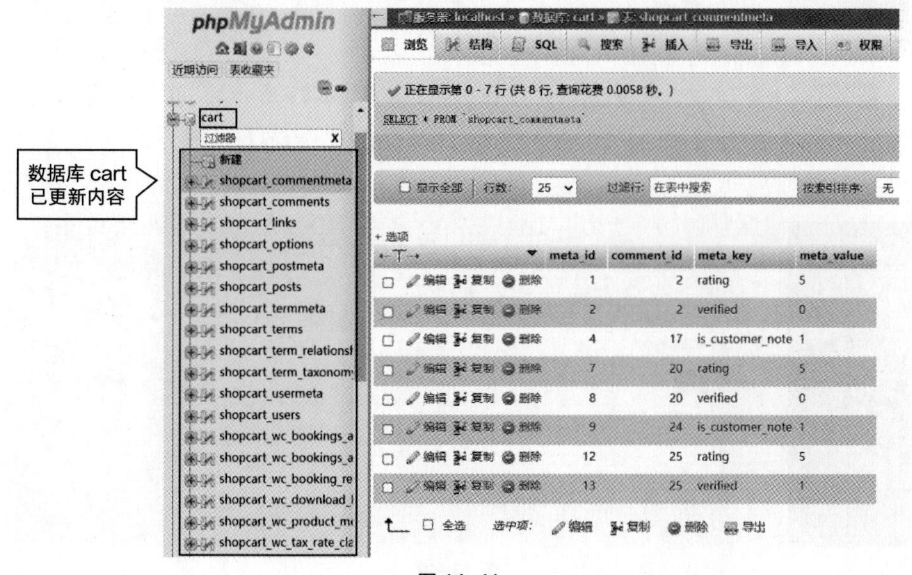

图 14-11

14.5 宝塔软件备份数据库文件

宝塔软件对中小型企业和政府企业的服务器进行运维管理，开发了 Linux 面板、Windows 面板、SSH 终端等产品。使用宝塔软件可备份和恢复数据库文件。下面介绍如何使用宝塔软件备份数据库文件。

步骤 1 ▶▶ 使用 SSH 连接工具连接 Linux 服务器，安装宝塔软件。在浏览器的搜索框中输入“http://localhost/bt”，即可进入如图 14-12 所示的宝塔软件的管理页面。在左侧的菜单面板中选择“数据库”菜单命令。数据库 test 显示“有备份 (1)”按钮，这说明数据库 test 有一个备份文件。

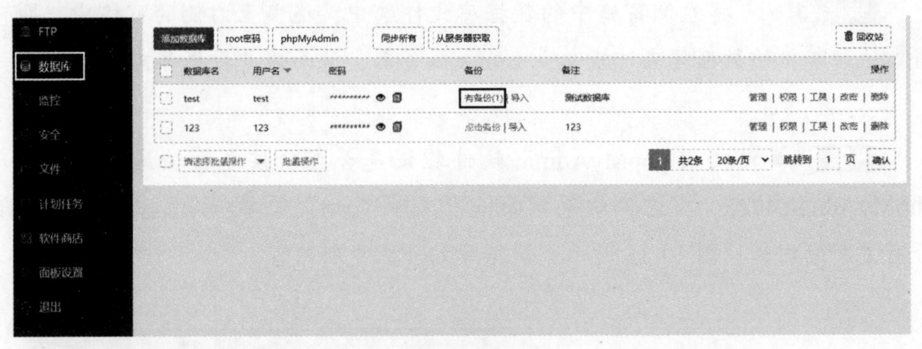

图 14-12

步骤 2 ▶▶ 单击“有备份 (1)”按钮，弹出如图 14-13 所示的“数据库备份详情”弹窗，已经存在名为“test_20220422_015334.sql.gz”的备份文件。

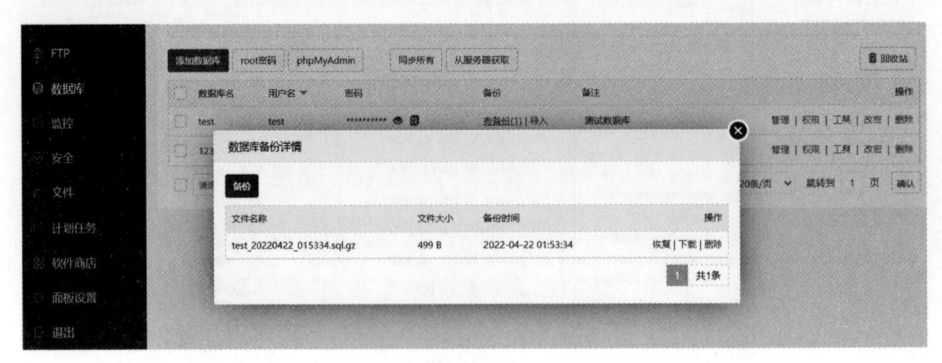

图 14-13

步骤 3 ▶▶ 单击“备份”按钮，出现名为“test_20220422_015928.sql.gz”的备份文件，表明成功备份了另一份数据库文件，如图 14-14 所示。

图 14-14

14.6 宝塔软件恢复数据库文件

现在需要将图 14-14 中的“test_20220422_015928.sql.gz”备份文件恢复至 Linux 服务器。如图 14-15 所示，单击“恢复”按钮，显示“导入数据库成功”，表明文件恢复成功。

图 14-15

应用实战篇

第 15 章

核酸数据库系统

本章要点

- 学习分析业务流程和系统流程。
- 学习分布式系统和 Redis。
- 学习核酸数据库系统的设计和实现。
- 学习搜索引擎。
- 学习使用 PHP 程序调用数据库。

15.1 业务流程

1. 业务流程是什么

业务流程是由不同的人共同完成的一系列活动，旨在实现特定的价值目标。这些活动具有严格的先后顺序与明确的内容、方式与责任安排。业务流程的设计使不同角色之间能进行协作。在搭建任何数据库之前，了解业务流程都是非常必要的。

2. 核酸数据库系统的业务流程

目前，某企业需要搭建一个核酸数据库系统。在明确该企业的业务需求后，总结出核酸数据库系统的业务流程图，如图 15-1 所示。

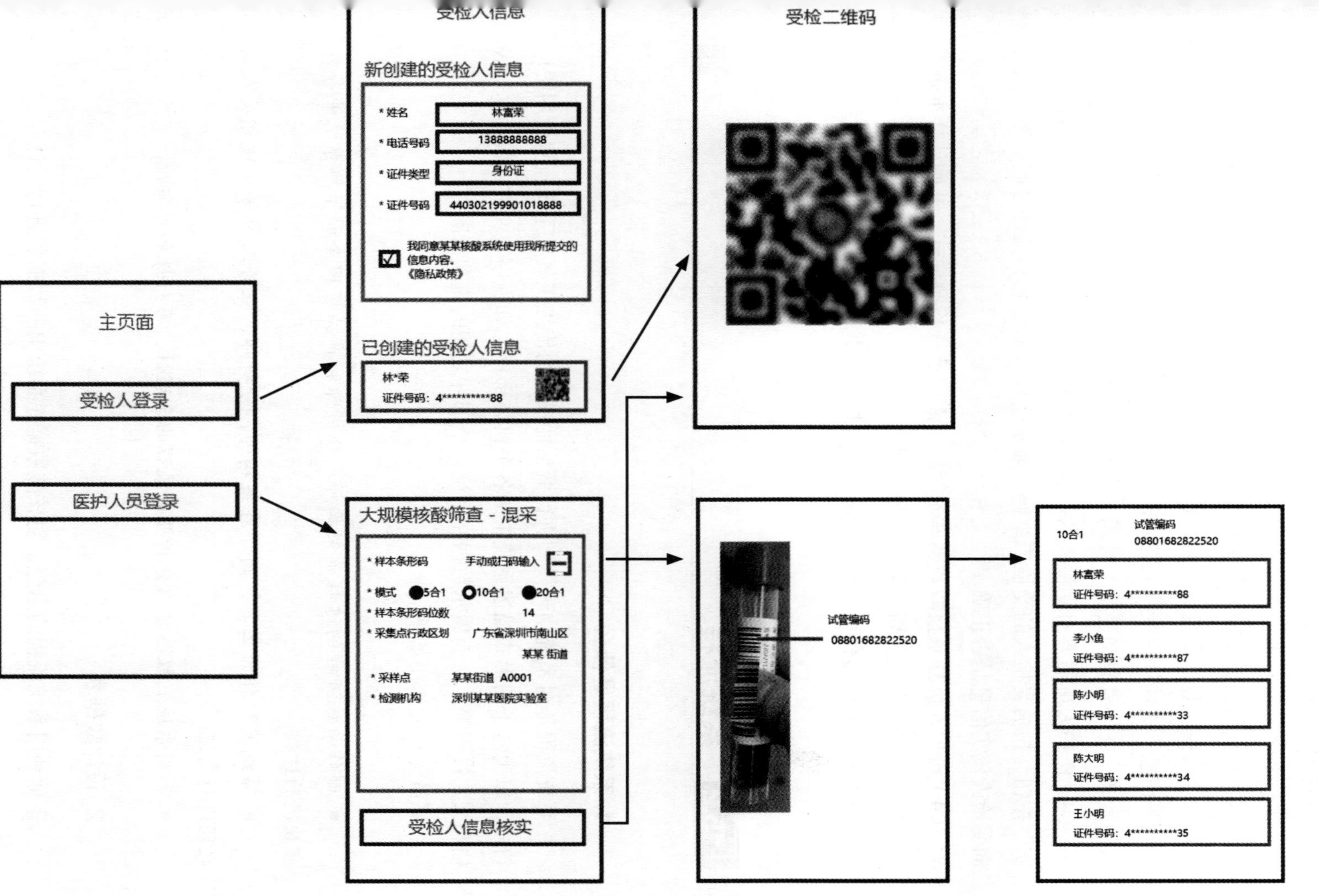

受检人信息
受检二维码
新创建的受检人信息
* 姓名
林富荣
* 电话号码
13888888888
* 证件类型
身份证
* 证件号码
440302199901018888
我同意某某核酸系统使用我所提交的信息内容。
《隐私政策》
主页面
受检人登录
医护人员登录
已创建的受检人信息
林*荣
证件号码：4**********88
大规模核酸筛查 - 混采
* 样本条形码
手动或扫码输入
* 模式
5合1
10合1
20合1
* 样本条形码位数
14
* 采集点行政区划
广东省深圳市南山区
某某 街道
* 采样点
某某街道 A0001
* 检测机构
深圳某某医院实验室
受检人信息核实
试管编码
08801682822520
10合1
试管编码
08801682822520
林富荣
证件号码：4**********88
李小鱼
证件号码：4**********87
陈小明
证件号码：4**********33
陈大明
证件号码：4**********34
王小明
证件号码：4**********35

图 15-1

下面介绍核酸数据库系统的业务流程。

（1）主页面提供受检人登录和医护人员登录两个功能。

（2）受检人登录系统后，可以创建受检人的信息，如姓名、电话号码、证件号码等信息。成功创建受检人信息后，会在页面下方显示相应的信息，包括受检人的姓名、证件号码和受检二维码。受检人可将受检二维码放大。

（3）医护人员需要对受检人的信息进行核实。医护人员单击“受检人信息核实”按钮，扫描受检人的受检二维码，显示受检人的姓名和证件号码。医护人员向受检人核实信息是否正确。

（4）医护人员登录核酸数据库系统后，需要选择检测模式，并确认样本条形码位数、采集点行政区划、采样点和检测机构。

（5）每根试管都有唯一的试管编码，医护人员需手动或扫描输入试管编码。

15.2 系统流程

1. 系统流程是什么

系统流程是对系统物理模型进行概括性描述的传统工具。系统流程使用图形符号，以黑盒子的形式描述系统中的各个具体部件，如程序、文件、数据库、表格和人工过程等，从而展示数据在系统各个部件之间的流动情况。

系统流程的作用如下。

- 制作系统流程的过程是架构师、分析师和产品经理全面了解系统业务处理状况的过程。
- 系统流程作为工具，用于在架构师、分析师、业务人员等系统相关人员之间进行交流。
- 利用系统流程图可以分析业务流程的合理性、可行性和可靠性。

2. 设计数据表

下面利用系统流程的思想，对核酸数据库系统中的数据表进行设计。

步骤 1 ▶▶ 核酸数据库系统中的受检人和医护人员的账号都是通过第三方平台进行登录的。现在需要创建 2 个数据表，数据表 hx_login 存储受检人的登录信息，数据表 yh_login 存储医护人员的登录信息。表 15-1 和表 15-2 分别展示了数据表 hx_login 和数据表 yh_login 的表结构。

表 15-1　数据表 hx_login 的表结构

数据字段	中文注释名	数据类型	示例内容
id	用户编号	int(11)	1
mobile	电话号码	char(12)	13888888888
email	邮箱地址	char(40)	18709394@qq.com
password	密码	char(32)	123456
keyid	第三方登录的 id	char(32)	e10adc3949ba59abbe56e057f20f883e

表 15-2　数据表 yh_login 的表结构

数据字段	中文注释名	数据类型	示例内容
id	用户编号	int(11)	1
mobile	电话号码	char(12)	13888888881
email	邮箱地址	char(40)	189394@qq.com
password	密码	char(32)	12345678
keyid	第三方登录的 id	char(32)	e10adc3949ba59abbe56e057f20f8877

步骤 2 ▶▶ 受检人在进行登录时，需要输入姓名、电话号码、证件类型和证件号码。每个受检人都有唯一的受检二维码。按照受检人填写的内容，可创建受检人信息数据表 hx_create。表 15-3 展示了数据表 hx_create 的表结构。

表 15-3　数据表 hx_create 的表结构

数据字段	中文注释名	数据类型	示例内容
id	用户编号	int (11)	1
name	姓名	char (32)	林富荣
mobile	电话号码	char (12)	13888888888

续表

数据字段	中文注释名	数据类型	示例内容
type	证件类型	char (32)	身份证
typenumber	证件号码	char (32)	440302199901018888
hxkey	受检二维码加密码	char (32)	e10adc3949ba59abbe56e057f20f883

步骤 3 ▶▶ 受检人成功创建信息后，会获取一个受检二维码。每个受检人的受检二维码都是独一无二的。受检人填写信息后，数据库会自动将这些信息存储在数据表 hx_create 中。

步骤 4 ▶▶ 医护人员在采集受检人的信息时，需要手动或扫码输入试管编码，选择模式，确认样本条形码位数、采集点行政区划、采样点和检测机构等信息。这些信息能精确查询试管的采样地点，并确定应将试管送往哪个检测机构。根据医护人员填写的信息，可以创建一个名为 yh_create 的医护人员混采信息数据表。表 15-4 展示了数据表 yh_create 的表结构。

表 15-4 数据表 yh_create 的表结构

数据字段	中文注释名	数据类型	示例内容
id	用户编号	int(11)	1
samplecode	样本条形码	char(32)	08801682822520
mode	模式	char(12)	5
sampledigit	样本条形码位数	char(32)	14
collectionaddress	采集点行政区划	char(32)	广东省深圳市南山区某某街道
collectionstreet1	采样点 1	char(32)	某某街道
collectionstreet2	采样点 2	char(32)	A0001
detectionpoint	检测机构	char(32)	深圳某某医院实验室

步骤 5 ▶▶ 医护人员可以单击“受检人信息核实”按钮，扫描受检人的二维码。扫码成功后，医护人员可以通过扫描试管编码，查看已扫码人员的姓名和证件号码。

每个核酸试管都具有唯一的样本条形码（试管编码），每个核酸试管都记录了受检人的姓名和证件号码等信息。每个核酸试管可存放多人数据，因此需要创建一个核酸试管数据表 yh_shiguan，该数据表需要预留足够的数据字段，便于存储最多 20 个人的数据内容。表 15-5 展示了数据表 yh_shiguan 的表结构。

表 15-5　数据表 yh_shiguan 的表结构

数据字段	中文注释名	数据类型	示例内容
id	用户编号	int(11)	1
samplecode	样本条形码	char(32)	08801682822520
name1	第一个用户	char(32)	林富荣
name2	第二个用户	char(32)	林希希
name3	第三个用户	char(32)	林荞荞
name4	第四个用户	char(32)	林小鱼
name5	第五个用户	char(32)	杨小乔
name6	第六个用户	char(32)	张大花
name7	第七个用户	char(32)	李小宝
name8	第八个用户	char(32)	刘大贤
name9	第九个用户	char(32)	吴小立
name10	第十个用户	char(32)	陈大树
name11	第十一个用户	char(32)	
name12	第十二个用户	char(32)	
name13	第十三个用户	char(32)	
name14	第十四个用户	char(32)	
name15	第十五个用户	char(32)	
name16	第十六个用户	char(32)	
name17	第十七个用户	char(32)	
name18	第十八个用户	char(32)	
name19	第十九个用户	char(32)	
name20	第二十个用户	char(32)	

15.3 分布式系统

15.3.1 分布式系统概述

分布式系统是指由多台分散的计算机，通过互联网连接形成的系统，系统的处理和控制功能分布在各个计算机。分布式系统的出现打破了传统的集中式单点模式，以分散处理的思想为基础，组织计算机系统的运行，性价比高，可扩展性强。

分布式系统被广泛应用于各个领域，如分布式操作系统、分布式文件系统、分布式邮件系统等。分布式系统通过将处理和控制功能分配到多台计算机上，充分利用计算资源，提高能力和效率。此外，分布式系统还能提高系统的可靠性，当其中一台计算机发生故障时，其他计算机可以接管工作，确保系统的持续运行。

分布式系统的优点如下。

（1）性价比高：相比于单点大型集中式系统，分布式系统通常采用基于标准化硬件的低成本节点构建。这种基础设施的成本相对较低，同时也有利于系统的扩展和维护。

（2）速度快：分布式系统的计算能力比单点大型集中式系统更强。分布式系统可以将任务分配给多个节点并行处理。在这种情况下，每个节点负责处理部分工作负载，通过并行处理的方式，提高计算能力。因此，对于需要处理大量并行计算的任务，分布式系统通常可以提供更强大的计算能力，速度也会更快。

（3）协同工作：分布式系统通常被称为计算机支持的协同工作系统。分布式系统使相距较远的人员能在同一系统中协同工作。

（4）可靠性高：分布式系统将数据和服务备份到多个节点上，当一个节点出现故障时，其他节点可以接管任务并继续提供服务。这种备份的方式可以提高分布式系统的容错性和可用性。

（5）可扩展性高：分布式系统能将任务分布到多个节点上并行处理，从而提高系统的吞吐量和处理能力。通过合理地分配和调度任务，分布式系统可以将工作负载均匀地分摊到多个节点上，使系统能有效地处理大规模的并发请求。

（6）数据共享：分布式系统允许用户共享一个数据库。计算机端的程序和手机端的程序可以共同使用一个数据库，通过数据共享，确保显示的内容一致。

（7）外部设备共享：分布式系统允许用户共享外部设备，如打印机和鼠标。

15.3.2　应用场景

假设在一台服务器中安装了操作系统和程序，如 Windows Server 和 AppServ，如图 15-2 所示。

图 15-2

如图 15-3 所示，操作系统和程序可能包含 Web 程序、MySQL 数据库和 App 程序。假设 Web 程序和 App 程序是使用 PHP 进行编写的，这些程序并不存储数据内容，而是调用 MySQL 数据库中的数据内容，并将数据分析结果展示给用户查看。

图 15-3

假设每天有上亿名用户访问这台服务器，每访问一次服务器，都要查询一次数据库，那么数据库的查询速度会变得非常慢，这会影响用户体验。用户在访问服务器时，可能会出现访问缓慢、无法刷新数据、程序闪退等现象。随着越来越多的程序需要调用数据库内容，需要考虑使用分布式系统。通过分布式系统，可以将数据分散存储在多台计算机中，通过负载均衡分散用户请求，提高并发处理能力，减轻单个数据库的负担，这样就能更好地应对大量的用户访问需求，提供更快速、更稳定的数据访问速度和响应速度。

15.3.3 规划 MySQL 分布式系统

如图 15-4 所示，如果大量用户同时访问数据库，则数据库的查询速度会变得非常慢。此时，增加服务器的数量是非常有必要的。如图 15-5 所示，通过增加服务器的数量，分散数据库的访问压力，从而提高用户体验。但此时，图 15-5 中的两个服务器的数据是不互通的，需要将两个服务器进行同步。如图 15-6 所示，此时两个服务器已同步，用户即使访问不同的数据库，查询的数据结果也是一样的。根据上述介绍，核酸数据库系统可以改为分布式核酸系统。

图 15-4　　图 15-5　　图 15-6

15.4 Redis

15.4.1 Redis 概述

MySQL 是一种关系型数据库，主要用于存放持久化数据，将数据存储在硬盘中，因此读取速度相对较慢。Redis 是一种非关系型数据库，将数据存储在缓存中，因此能支持较快的读取速度，从而大幅提高运行效率。

采用 Redis 作为数据库的缓存层，可以有效解决数据库在性能和并发性方面的问题。

Redis 支持多种数据类型作为缓存，包括 String、List、Hash、Set 和 ZSet。

- String：可以存储任何类型的数据，如序列化的对象或图片，最多能存储 512MB 的数据。在 Redis 中，使用 SET 命令设置 String 的值，使用 GET 命令获取 String 的值。
- List：字符串列表，按照字符串插入的顺序进行排序。每个 List 最多可以存储 4294967296 个元素。在 Redis 中，可以使用 LPUSH 命令向 List 添加元素，使用 LRANGE 命令获取 List 的值。
- Hash：键值对集合，非常适合存储对象。每个 Hash 最多可以存储 4294967296 个元素。在 Redis 中，可以使用 HMSET 命令设置 Hash 的值，使用 HGETALL 命令获取 Hash 的值。
- Set：元素不重复的、无序的、由 String 组成的集合。使用 SADD 命令向 Set 添加元素，使用 SMEMBERS 命令获取 Set 的值。
- ZSet：元素不重复的、有序的、由 String 组成的集合。使用 ZADD 命令设置 ZSet 的值，使用 ZRANGEBYSCORE 命令获取 ZSet 的值。

15.4.2 规划 Redis 系统

为了规划 Redis 系统，首先需要对 Redis 缓存数据库的原理有所了解。假设用户使用手机打开某个小程序时，手机会通过互联网访问小程序服务器的内容。当小程序服务器接收到手机的请求时，需要判断用户要访问的数据是否已经存在于 Redis 缓存数据库中。如果数据已存在于 Redis 缓存数据库中，则 Redis 缓存数据库会向小程序服务器返回缓存的数据；如果数据不在 Redis 缓存数据库中，则小程序服务器直接从 MySQL 数据库中获取数据，并返回给小程序服务器，如图 15-7 所示。

在分布式核酸系统中引入 Redis 缓存数据库后，当多名用户使用小程序打开受检二维码时，小程序服务器首先会检查用户的数据是否已经缓存在 Redis 缓存数据库中。如果用户的数据已经存在于 Redis 缓存数据库中，则小程序服务器将直接从 Redis 缓存服务器中获取受检二维码的数据；如果用户的数据不在 Redis 缓存数据库中，则小程序服务器直接访问 MySQL 数据库，获取受检二维码，如图 15-8 所示。

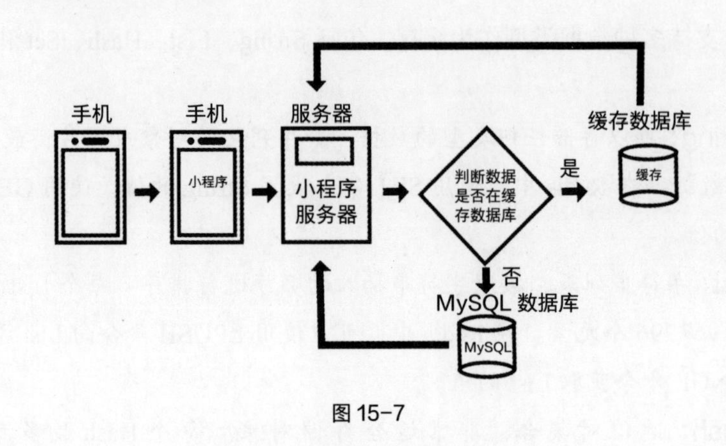

图 15-7

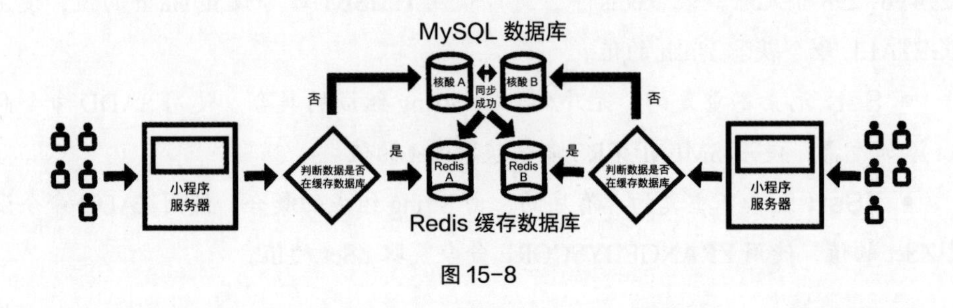

图 15-8

在网络正常的情况下，有时能立刻打开受检二维码，这通常是因为使用了 Redis 缓存数据库。有时打开受检二维码需要等待几秒钟，这是因为直接从 MySQL 数据库获取数据。

15.5 核酸数据库系统的设计和实现

15.5.1 创建数据库

步骤 1 ▶▶ 创建一个名为 hxsystem 的数据库。输入命令：

```
create database hxsystem;
```

步骤 2 ▶▶ 按 Enter 键后，显示：

```
Query OK, 1 row affected (0.01 sec)
```

表示成功创建数据库 hxsystem，如图 15-9 所示。

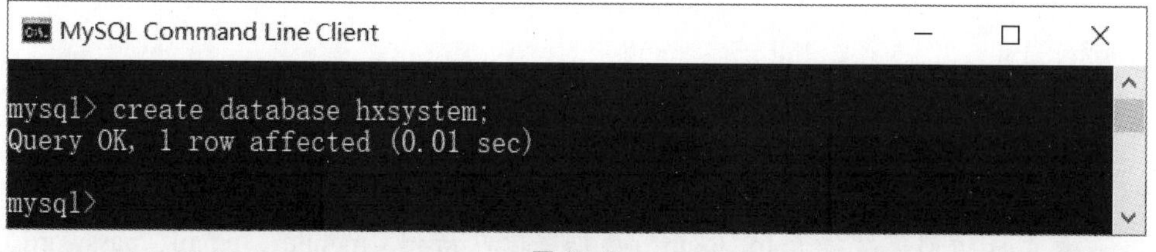

图 15-9

步骤 3 ▶▶ 使用 phpMyAdmin 软件，验证是否成功创建数据库 hxsystem。打开 phpMyAdmin 软件，按 F5 键刷新页面，显示存在数据库 hxsystem，代表成功创建数据库，如图 15-10 所示。

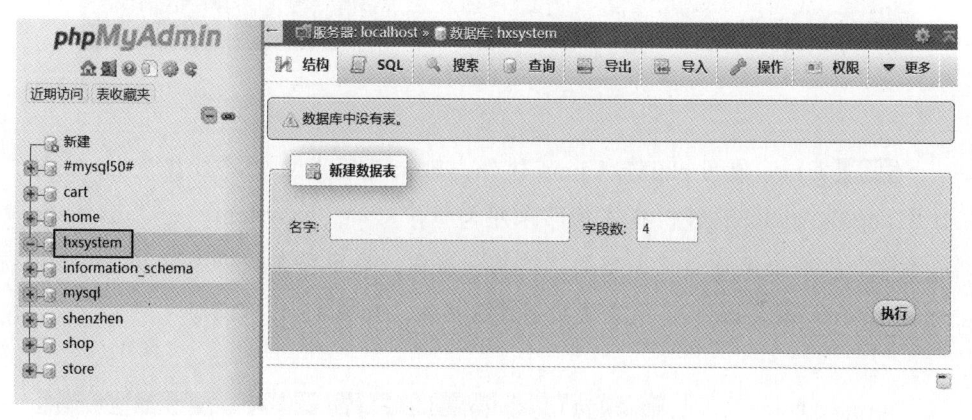

图 15-10

15.5.2 创建数据表和数据字段

1. 创建数据表 hx_login

步骤 1 ▶▶ 根据表 15-1 的内容，创建数据表 hx_login。如图 15-11 所示，进入 MySQL 命令模式，输入命令：

```
use hxsystem;
```

步骤 2 ▶▶ 按 Enter 键后，输入命令：

```
create table hx_login(id int(11),mobile char(12),email char(40),password
char(32),keyid char(32));
```

按 Enter 键后，显示：

```
Query OK, 0 rows affected (0.40 sec)
```

表示成功创建数据表 hx_login，数据字段包括 id、mobile 、email、password、keyid 等。

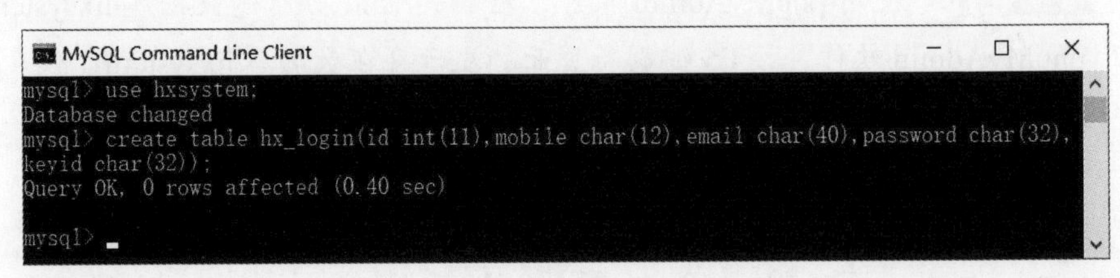

图 15-11

步骤 3 ▶▶ 使用 phpMyAdmin 软件，验证是否成功创建数据表 hx_login。打开 phpMyAdmin 软件，在左侧的菜单面板中选择"hxsystem"→" hx_login"菜单命令，单击工作面板上方的"结构"按钮，显示存在数据字段 id、mobile、email、password、keyid，代表成功创建数据表，如图 15-12 所示。

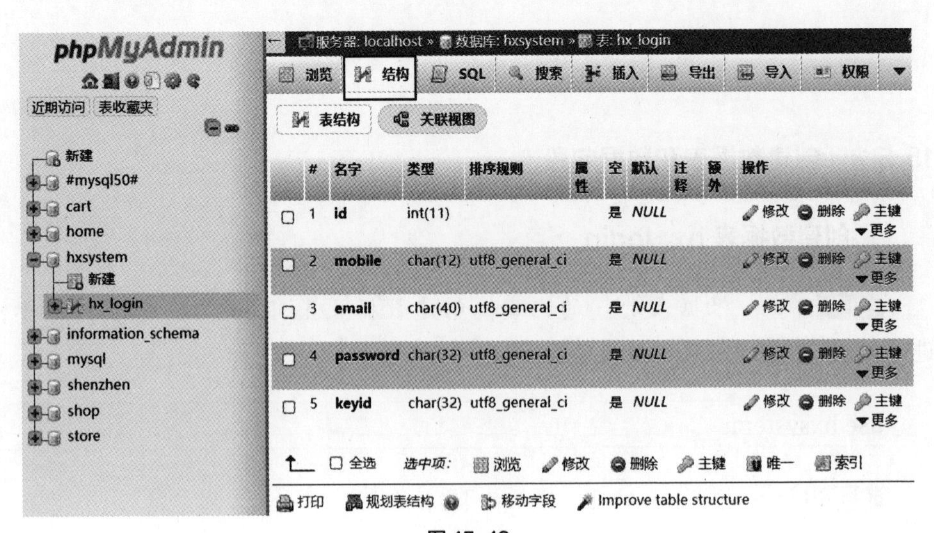

图 15-12

2. 创建数据表 yh_login

步骤 1 ▶▶ 根据表 15-2 的内容，创建数据表 yh_login。进入 MySQL 命令模式，输入命令：

```
create table yh_login(id int(11),mobile char(12),email char(40),password char(32),keyid char(32));
```

按 Enter 键后，显示：

```
Query OK, 0 rows affected (0.27 sec)
```

表示成功创建数据表 yh_login，数据字段包括 id、mobile、email、password、keyid，如图 15-13 所示。

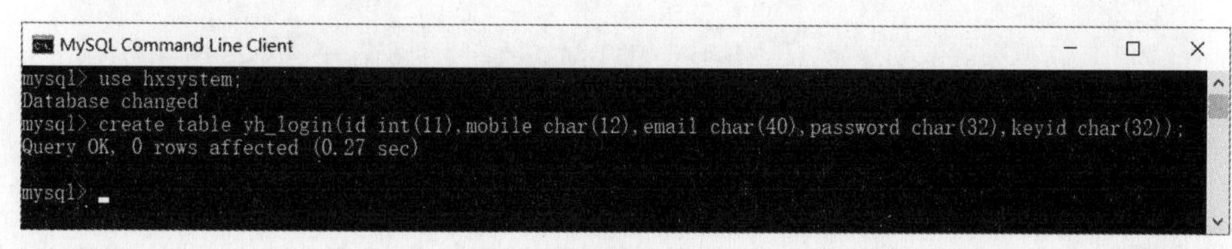

图 15-13

步骤 2 ▶▶ 在 phpMyAdmin 软件中，显示存在数据表 yh_login，表示成功创建数据表，如图 15-14 所示。

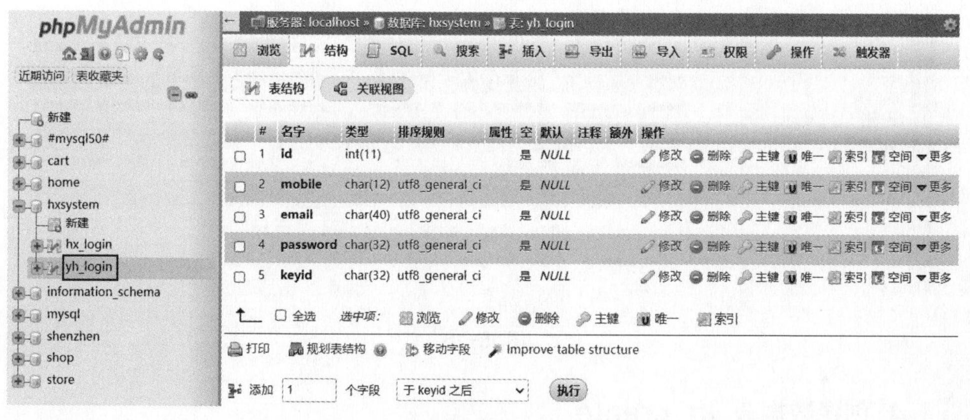

图 15-14

3. 创建数据表 hx_create

步骤 1 ▶▶ 根据表 15-3 的内容，创建数据表 hx_create。进入 MySQL 命令模式，输入命令：

```
create table hx_create(id int(11),name char(32),mobile char(12),type char(32),typenumber char(32),hxkey char(32));
```

按 Enter 键后，显示：

```
Query OK, 0 rows affected (0.26 sec)
```

表示成功创建数据表 hx_create，如图 15-15 所示。

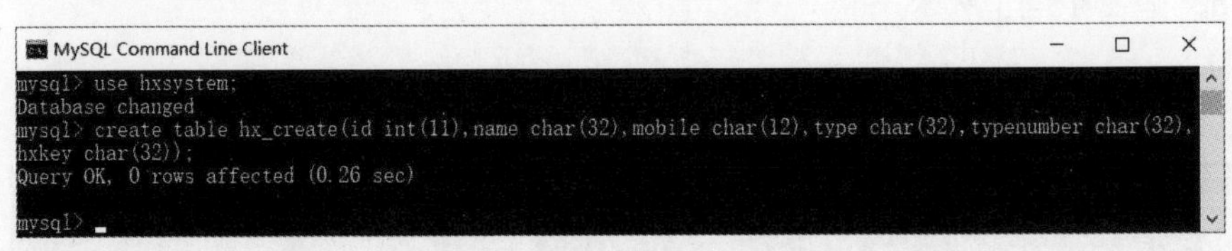

图 15-15

步骤 2 ▶▶ 在 phpMyAdmin 软件中，显示存在数据表 hx_create，代表成功创建数据表，如图 15-16 所示。

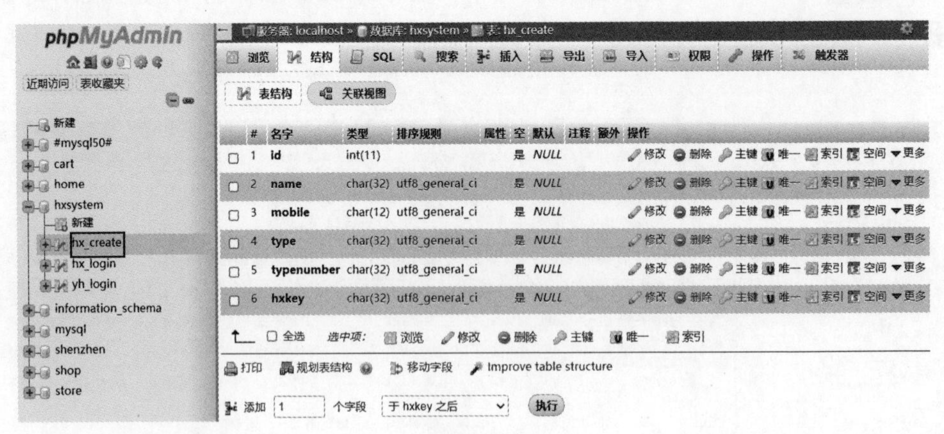

图 15-16

4. 创建数据表 yh_create

步骤 1 ▶▶ 根据表 15-4 的内容，创建数据表 yh_create。进入 MySQL 命令模式，输入命令：

```
create table yh_create(id int(11), samplecode char(32),mode char(12),sampledigit char(32),collectionaddress char(32),collectionstreet1 char(32), collectionstreet2 char(32),detectionpoint char(32));
```

按 Enter 键后，显示：

```
Query OK, 0 rows affected (0.32 sec)
```

表示成功创建数据表 yh_create，数据字段包括 id、samplecode、mode、sampledigit、collectionaddress、collectionstreet1、collectionstreet2、detectionpoint 等，如图 15-17 所示。

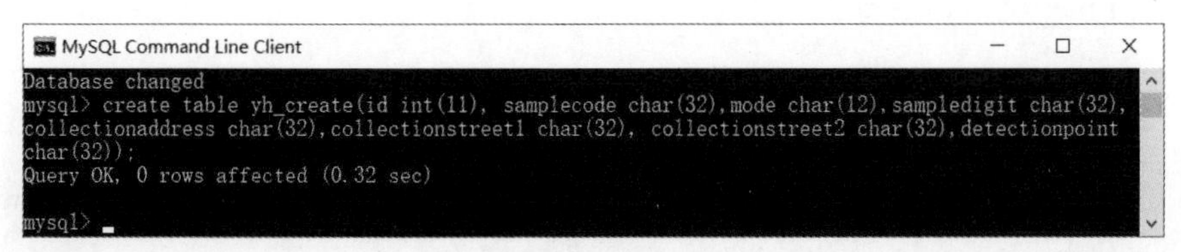

图 15-17

步骤 2 ▶▶ 使用 phpMyAdmin 软件，验证是否成功创建数据表 yh_create。打开 phpMyAdmin 软件，显示存在数据表 yh_create，代表数据表创建成功，如图 15-18 所示。

图 15-18

5. 创建数据表 yh_ shiguan

步骤 1 ▶▶ 根据表 15-5 的内容，创建数据表 yh_shiguan。如图 15-19 所示，进入 MySQL 命令模式，输入命令：

```
create table yh_shiguan(id int(11), samplecode char(32),name1
char(32),name2 char(32),name3 char(32),name4 char(32),name5
char(32),name6 char(32), name7 char(32),name8 char(32),name9
char(32),name10 char(32),name11 char(32),name12 char(32),name13
char(32),name14 char(32),name15 char(32),name16 char(32),name17
char(32) , name18 char(32),name19 char(32),name20 char(32));
```

按 Enter 键后，显示：

```
Query OK, 0 rows affected (0.29 sec)
```

表示成功创建数据表 yh_shiguan，数据字段包括 id、samplecode、name1、name2、name3、name4、name5、name6、name7、name8、name9、name10、name11、name12、name13、name14、name15、name16、name17、name18、name19、name20 等。

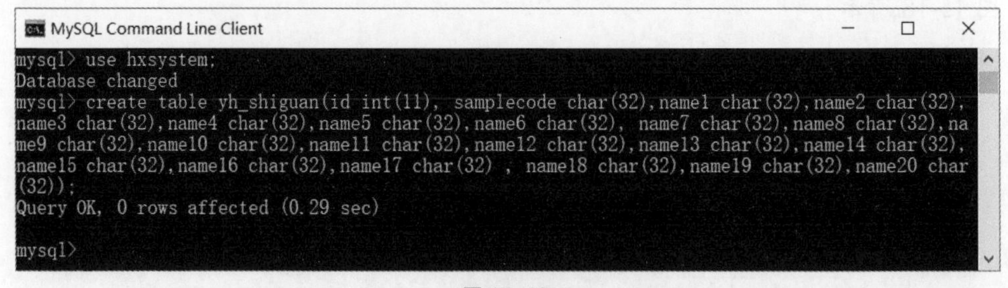

图 15-19

步骤 2 ▶▶ 使用 phpMyAdmin 软件，验证是否成功创建数据表 yh_shiguan。打开 phpMyAdmin 软件的管理页面，显示存在数据表 yh_shiguan，代表成功创建数据表，如图 15-20 所示。

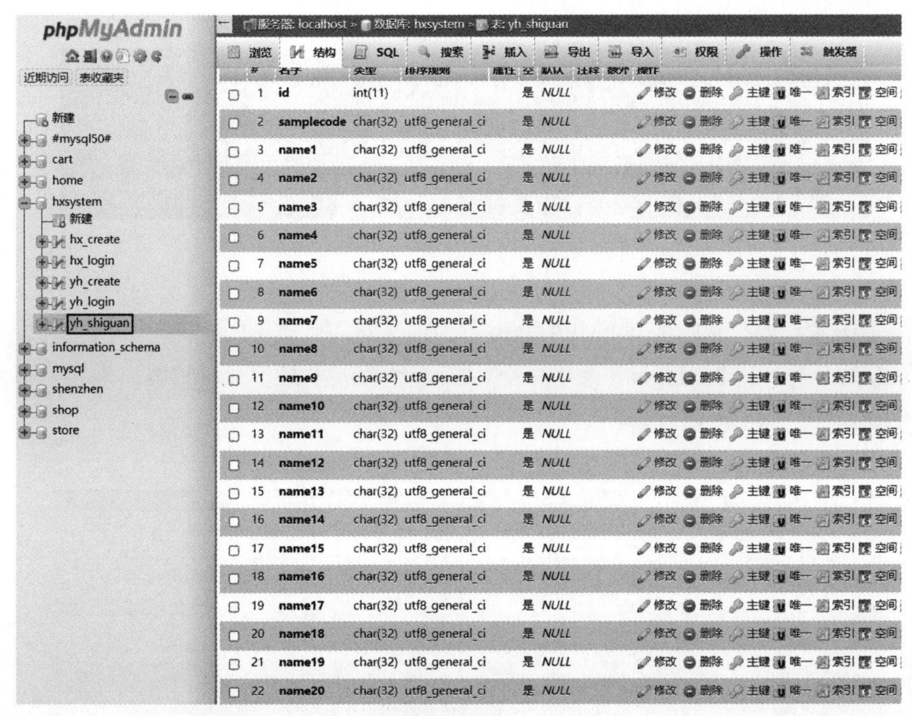

图 15-20

15.5.3　创建数据内容

目前，已经创建了数据库、数据表和数据字段，现在创建数据内容。

1. 创建数据表 hx_login 中的数据内容

步骤 1 ▶▶ 进入 MySQL 命令模式，输入命令：

```
insert into 'hx_login' ('id','mobile','email','password','keyid')
VALUES
('1','13888888888','18709394@qq.com','123456',' e10adc3949ba59abbe56e
057f20f883e');
```

按 Enter 键后，显示：

```
Query OK, 1 row affected, 1 warning (0.10 sec)
```

表示成功创建数据内容，如图 15-21 所示。

```
MySQL Command Line Client
mysql> use hxsystem;
Database changed
mysql> insert into  `hx_login` (`id`, `mobile`, `email`, `password`, `keyid`)
    -> VALUES
    -> ('1','13888888888','18709394@qq.com','123456',' e10adc3949ba59abbe56e057f20f883e ');
Query OK, 1 row affected, 1 warning (0.10 sec)

mysql> _
```

图 15-21

步骤 2 ▶▶ 打开 phpMyAdmin 软件，在左侧的菜单面板中选择“hxsystem”→“ hx_login”菜单命令，在工作面板中显示数据内容，表示成功创建数据内容，如图 15-22 所示。

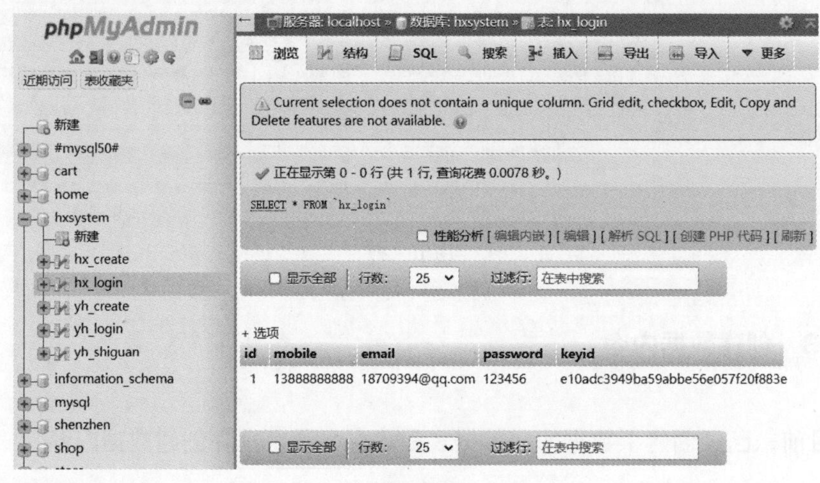

图 15-22

2. 创建数据表 yh_login 中的数据内容

步骤 1 ▶▶ 进入 MySQL 命令模式，输入命令：

```
insert into 'yh_login' ('id','mobile','email', 'password','keyid')
VALUES
('1', '13888888881','189394@qq.com','12345678','e10adc3949ba59abbe56e057f20f8877');
```

按 Enter 键后，显示：

```
Query OK, 1 row affected, 1 warning (0.09 sec)
```

表示成功创建数据内容，如图 15-23 所示。

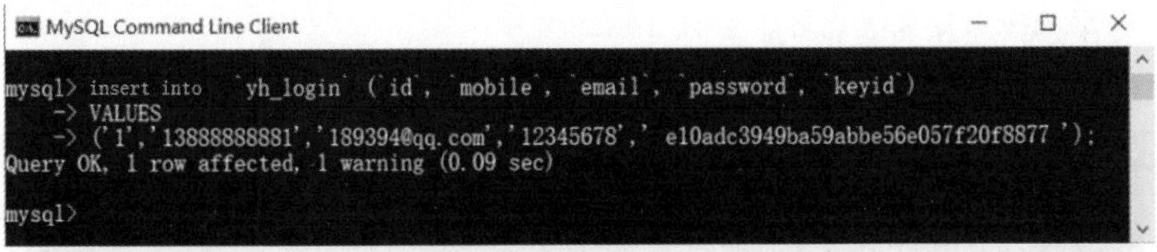

```
MySQL Command Line Client
mysql> insert into  `yh_login` (`id`, `mobile`, `email`, `password`, `keyid`)
    -> VALUES
    -> ('1','13888888881','189394@qq.com','12345678',' e10adc3949ba59abbe56e057f20f8877 ');
Query OK, 1 row affected, 1 warning (0.09 sec)

mysql>
```

图 15-23

步骤 2 ▶▶ 打开 phpMyAdmin 软件，在左侧的菜单面板中选择“hxsystem”→“ yh_login”菜单命令，在工作面板中显示数据内容，表示成功创建数据内容，如图 15-24 所示。

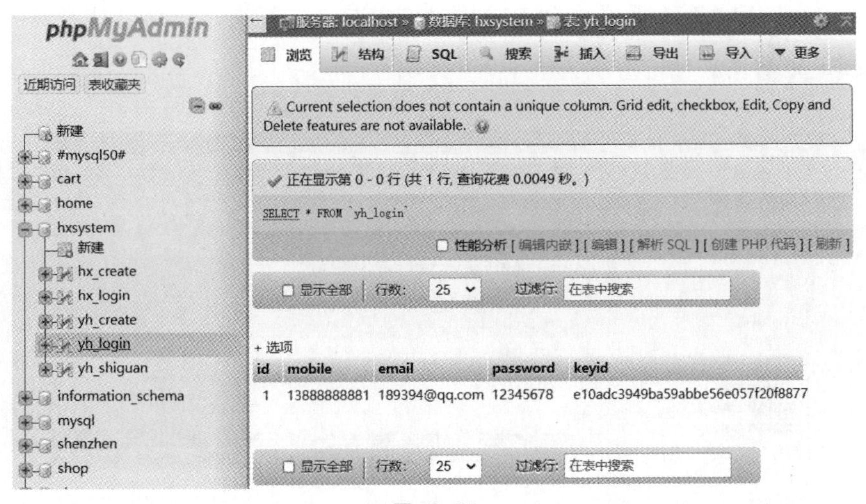

图 15-24

3. 创建数据表 hx_create 中的数据内容

步骤 1 ▶▶ 进入 MySQL 命令模式，输入命令：

```
insert into 'hx_create' ('id','name','mobile','type','typenumber','hxkey')
VALUES ('1',' 林富荣 ','13888888888',' 身份证 ', '440302199901018888', ' e1
0adc3949ba59abbe56e057f20f883e');
```

按 Enter 键后，显示：

```
Query OK, 1 row affected, 1 warning (0.08 sec)
```

表示成功创建数据内容，如图 15-25 所示。

```
MySQL Command Line Client
mysql> insert into `hx_create` (`id`, `name`, `mobile`, `type`, `typenumber`,
 `hxkey`)
    -> VALUES ('1','林富荣','13888888888','身份证','440302199901018888 ',' e
10adc3949ba59abbe56e057f20f883e');
Query OK, 1 row affected, 1 warning (0.08 sec)

mysql> _
```

图 15-25

步骤 2 ▶▶ 打开 phpMyAdmin 软件，在左侧的菜单面板中选择“hxsystem”→“hx_create” 菜单命令，在工作面板中显示数据内容，表示成功创建数据内容，如图 15-26 所示。

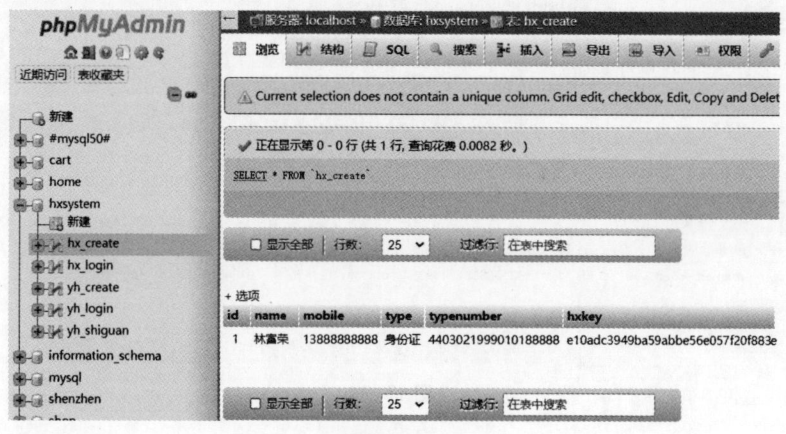

图 15-26

4. 创建数据表 yh_create 中的数据内容

步骤 1 ▶▶ 进入 MySQL 命令模式，输入命令：

```
insert into 'yh_create' ('id','samplecode', 'mode', 'sampledigit', 'collectionaddress',
'collectionstreet1','collectionstreet2', 'detectionpoint')
VALUES ('1','08801682822520','5','14',' 广东省深圳市南山区某某街道 ',' 某某
街道 ','A0001',' 深圳某某医院实验室 ');
```

按 Enter 键后，显示：

```
Query OK, 1 row affected(0.11 sec)
```

表示成功创建数据内容，如图 15-27 所示。

```
MySQL Command Line Client
mysql>insert into `yh_create` (`id`, `samplecode`, `mode`, `sampledigit`, `collectionaddress`,
`collectionstreet1`, `collectionstreet2`, `detectionpoint`)
    -> VALUES ('1','08801682822520','5','14','广东省深圳市南山区某某街道','某某街道',' A0001',
'深圳某某医院实验室');
Query OK, 1 row affected (0.11 sec)

mysql>
```

图 15-27

步骤 2 ▶▶ 打开 phpMyAdmin 软件，在左侧的菜单面板中选择“hxsystem”→“yh_create”菜单命令，在工作面板中显示数据内容，表示成功创建数据内容，如图 15-28 所示。

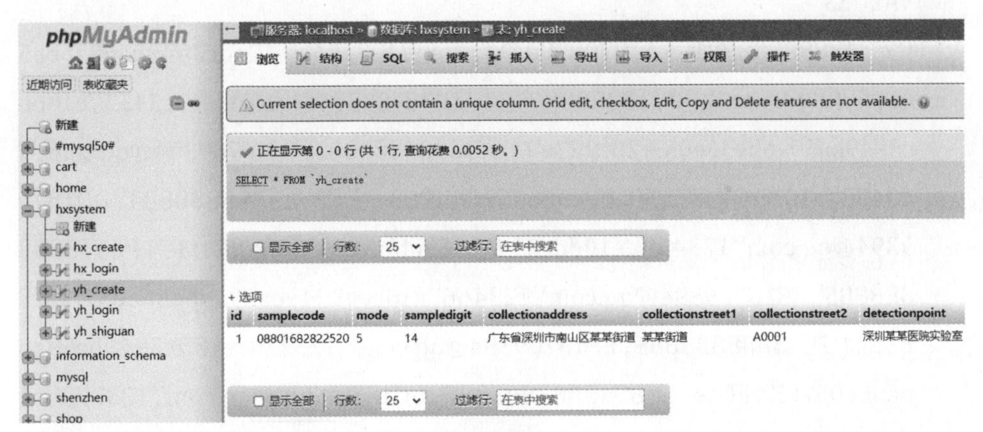

图 15-28

5. 创建数据表 yh_ shiguan 中的数据内容

如图 15-29 所示，医护人员需要扫描受检人的二维码，才能采集受检人的信息，即采集数据表 hx_create 中的受检人信息。受检人如果想进行检测，则需要有受检二维码。受检二维码是在登录时自动生成的，即需要数据表 hx_login 中的账号信息才能生成受检二维码。假设核酸检测是“10 合 1”模式，医护人员每次将 10 名受检人添加到一个试管中，那么就需要扫描 10 个受检二维码。

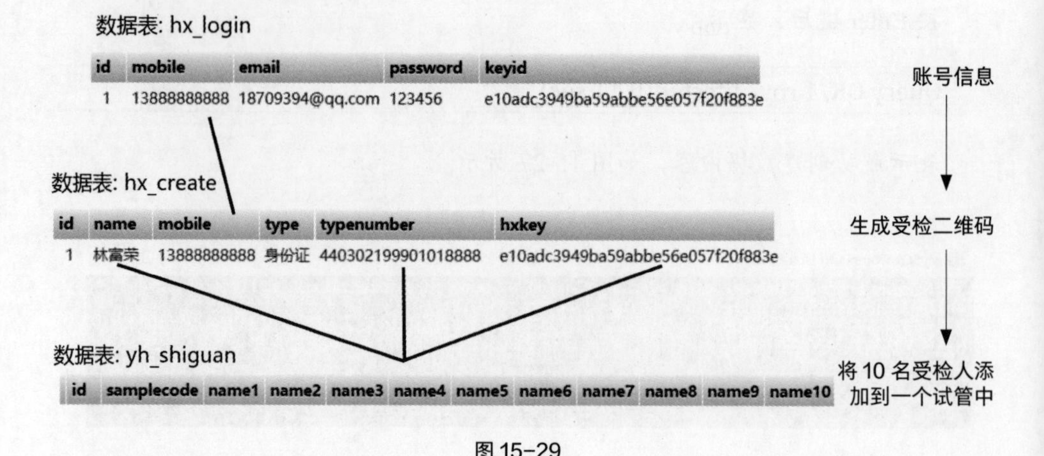

图 15-29

步骤 1 ▶▶ 在之前创建数据表 hx_login 时，已添加 1 个受检人的账号信息，现在添加另外 9 个受检人的账号信息。进入 MySQL 命令模式，输入命令：

```
insert into 'hx_login' ('id','mobile','email','password','keyid')
VALUES
('2', '13888888881','AA18709394@qq.com','123456', 'e10adc3949ba59abbe56e057f20fAA3e '),('3','13888888882','BB18709394@qq.com','123457','e10bbc3949ba59abbe56e057f20fBB3e'),('4','13888888883','CC18709394@qq.com','123458','e10ccc3949ba59abbe56e057f20fCC3e '),('5','13888888884','DD18709394@qq.com','123459','e10ddc3949ba59abbe56e057f20fDD3e'),('6','13888888885','EE18709394@qq.com','123466','e10eec3949ba59abbe56e057f20fEE3e'),('7','13888888886','FF18709394@qq.com'','123776','e10ffc3949ba59abbe56e057f20fFF3e '),('8','13888888887','GG18709394@qq.com','123778','e10ggc3949ba59abbe56e057f20fGG3e'),('9','13888888889','HH18709394@qq.com','123778','e10hhc3949ba59abbe56e057f20fHH3e'),('10','13888888880','II18709394@qq.com','123988','e10iic3949ba59abbe56e057f20fII3e ');
```

按 Enter 键后，显示：

```
Query OK, 9 rows affected, 9 warnings (0.08 sec)
Records: 9 Duplicates: 0 Warnings: 9
```

表示成功添加受检人的账号信息。

步骤 2 ▶▶ 打开 phpMyAdmin 软件，在左侧的菜单面板中选择“hxsystem”→“ hx_login”菜单命令，在数据表 hx_login 中存在 10 条数据内容，如图 15-30 所示。

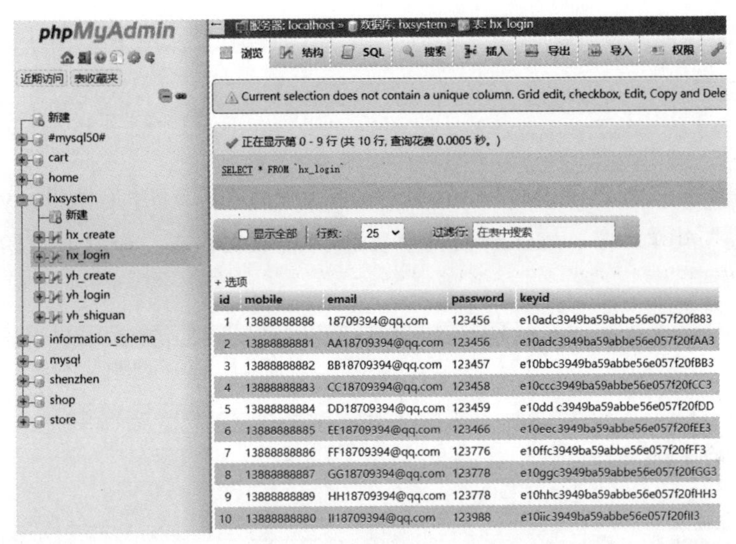

图 15-30

步骤 3 ▶▶ 在之前创建数据表 hx_create 时，已添加 1 条数据内容，现在再添加 9 条数据内容。进入 MySQL 命令模式，输入命令：

```
insert into 'hx_create' ('id','name','mobile','type','typenumber','hxkey')
VALUES ('2',' 林希希 ','13888888881',' 身份证 ','440301199701028888','c23dsadc3949ba59abbe56e057f20f883e'),('3',' 林荞荞 ','13888888882',' 身份证 ','440301198801038888','c77dsadc3949ba59abbe56e057f20f443e'), ('4',' 林 小 鱼 ','13888888883',' 身份证 ','440301197711038888','b31dsadc3949ba59abbe56e057f20f448') , ('5',' 杨小乔 ','13888888884',' 身份证 ','440301195711038888','f31dsadc3949ba59abbe56e057f20f4488') , ('6',' 张大花 ','13888888885',' 身份证 ','440301198311078888','S31dsadc3949ba59abbe56e057f20f4488') , ('7',' 李 小宝 ','13888888886',' 身份证 ','440301198712178888','S34dsadc3949ba59abbe56e057f20f4485') , ('8',' 刘大贤 ','13888888887',' 身份证 ','440301199061578888','p84dsadc3949ba59abbe56e057f20f4484') , ('9',' 吴小立 ','13888888889',' 身份证 ','440301199107146888','t8 8dsadc3949ba59abbe56e057f20f4489') , ('10',' 陈大树 ','13888888880',' 身份证 ','440303199402146888', 'U88dsadc3949ba59abbe56e057f20f4482');
```

按 Enter 键后，显示：

```
Query OK, 9 rows affected, 9 warnings (0.08 sec)
Records: 9 Duplicates: 0 Warnings: 9
```

表示成功创建数据内容。

步骤 4 ▶▶ 打开 phpMyAdmin 软件，在左侧的菜单面板中选择“hxsystem”→“hx_create”菜单命令，在工作面板中显示 10 条数据内容，如图 15-31 所示。

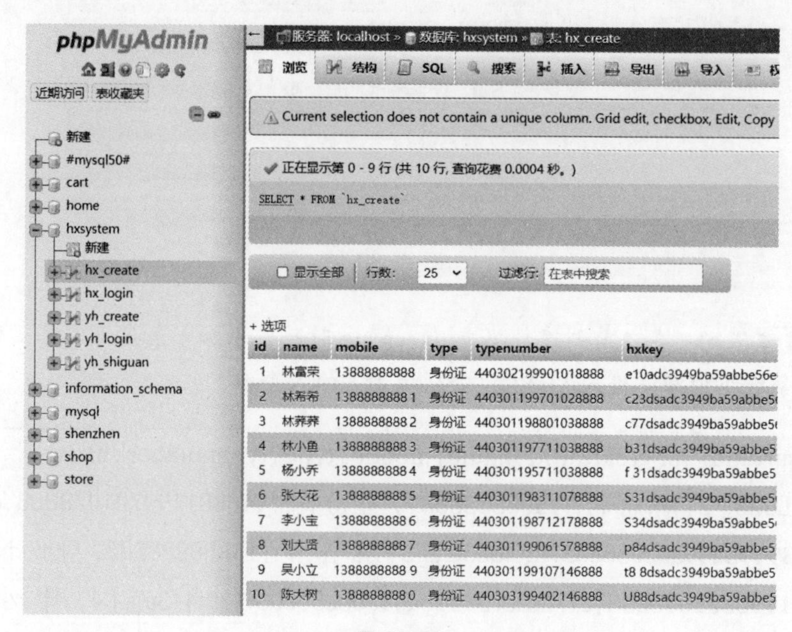

图 15-31

6. 在数据表 yh_shiguan 中添加 10 个受检二维码

步骤 1 ▶▶ 进入 MySQL 命令模式，输入命令：

```
insert into 'yh_shiguan' ('id','samplecode','name1','name2','name3','name4','name5','name6', 'name7', 'name8', 'name9', 'name10')
VALUES ('1','08801682822520',' 林富荣 ',' 林希希 ',' 林荞荞 ',' 林小鱼 ',' 杨小乔 ',' 张大花 ',' 李小宝 ',' 刘大贤 ',' 吴小立 ',' 陈大树 ');
```

按 Enter 键后，显示：

```
Query OK, 1 row affected (0.06 sec)
```

表示成功创建数据内容。

步骤 2 ▶▶ 打开 phpMyAdmin 软件，在左侧的菜单面板中选择“hxsystem”→“yh_shiguan”菜单命令，共有 10 个受检人信息，如图 15-32 所示。

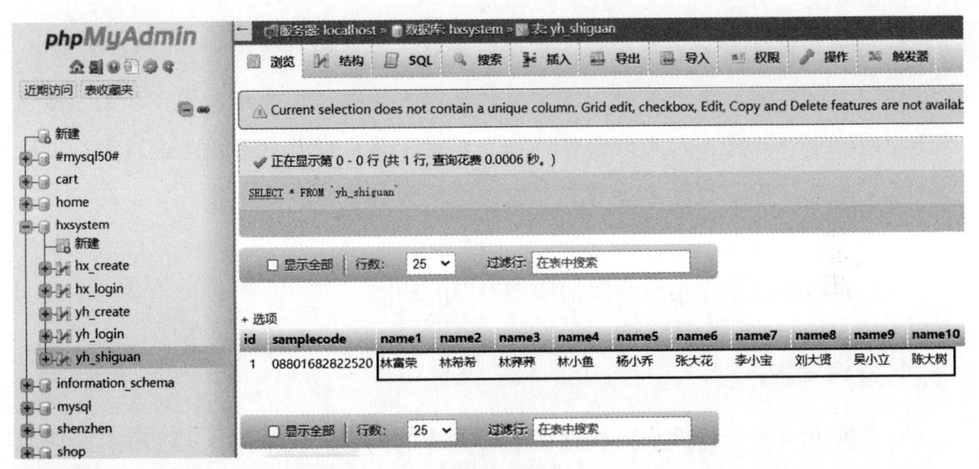

图 15-32

本书的所有数据均为模拟数据，仅供学习使用。

15.6 搜索引擎

搜索引擎是对数据库中的信息内容进行搜集和整理，并提供查询功能的系统。搜索引擎的功能包括信息搜集、信息整理和用户查询。用户使用搜索引擎时，只需输入相关内容，系统就会显示已经整理好的信息内容。搜索引擎借助多种技术，如网络爬虫技术、检索排序技术、网页处理技术、大数据处理技术和自然语言处理技术，为用户提供快速、高相关性的信息服务。

搜索引擎的特点如下。

- 信息抓取迅速。在大数据时代，用户产生海量的信息数据，使用搜索引擎的关键字、高级语法等，可以快速捕捉到相关性高的信息，并进行快速呈现。
- 信息挖掘。搜索引擎不仅能查找用户所需的信息，还能通过条件分析对检索到的信息进行进一步挖掘。搜索引擎能提供相关的热门信息、同类信息和智能化解决方案，引导用户更好地利用信息。
- 检索内容多样化。搜索引擎支持各种数据类型的检索语言，包括自然语言、智能语言、机器语言等。目前，搜索引擎可以支持视频、音频、图像和文字等多种类型的检索。此外，人类的面部特征、指纹、特定动作也可以通过搜索引擎进行检索。未来，许多数据类型都有可能成为搜索引擎的检索对象。

下面在核酸数据库系统中添加搜索引擎的功能。

1. 查询受检人

有了搜索引擎，管理员可快速搜索数据库的内容。在如图 15-33 所示的核酸搜索系统中，只需在搜索框中输入内容，单击“搜索”按钮，即可搜索内容。如果管理员要查询试管编码为“08801682822520”的所有受检人，则可直接在搜索框中输入“08801682822520”，单击“搜索”按钮，将会显示所有的受检人姓名，如图 15-34 所示。

图 15-33

图 15-34

如果没有开发出可视化的搜索界面，则管理员需要进入 MySQL 命令模式，输入命令：

```
select samplecode,name1,name2,name3,name4,name5,name6,name7,name8,name9,name10 from yh_shiguan;
```

按 Enter 键后，显示试管编码为“08801682822520”的受检人姓名，如图 15-35 所示。

```
MySQL Command Line Client
mysql> select samplecode,name1,name2,name3,name4,name5,name6,name7,name8,name9,name10 from yh_shiguan;
+----------------+--------+--------+--------+--------+--------+--------+--------+--------+--------+--------+
| samplecode     | name1  | name2  | name3  | name4  | name5  | name6  | name7  | name8  | name9  | name10 |
+----------------+--------+--------+--------+--------+--------+--------+--------+--------+--------+--------+
| 08801682822520 | 林富荣 | 林希希 | 林荞荞 | 林小鱼 | 杨小乔 | 张大花 | 李小宝 | 刘大贤 | 吴小立 | 陈大树 |
+----------------+--------+--------+--------+--------+--------+--------+--------+--------+--------+--------+
1 row in set (0.00 sec)

mysql>
```

图 15-35

2. 查询检测地点

如果管理员要查询采集点行政区划和检测机构，则需在核酸搜索系统中单击“▶”按钮，即可显示试管编码为“08801682822520”的采集点行政区划和检测机构，如图 15-36 所示。

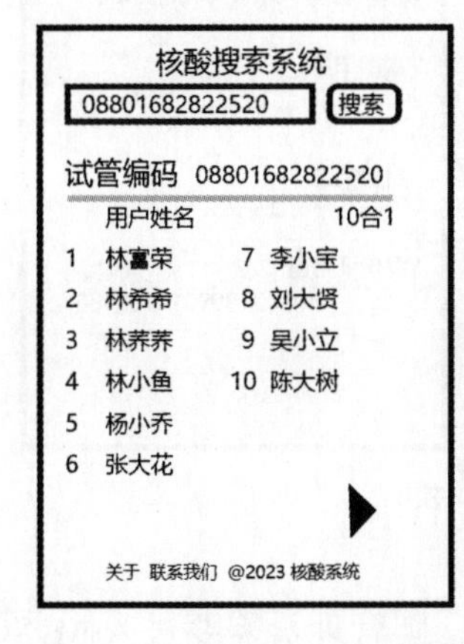

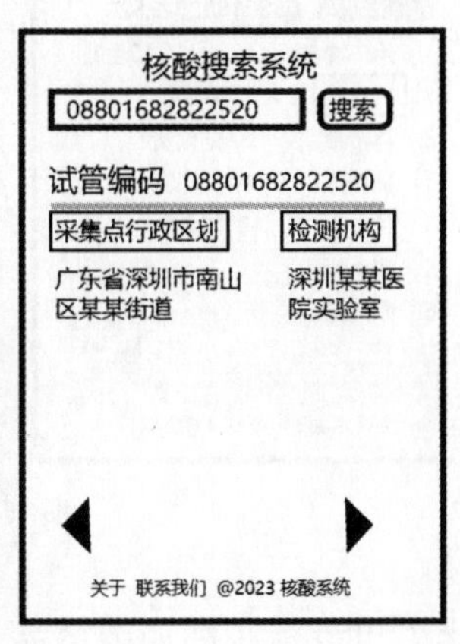

图 15-36

如果没有开发出可视化的搜索界面，则管理员需要进入 MySQL 命令模式，输入命令：

```
select samplecode,collectionaddress,detectionpoint from yh_create where samplecode='08801682822520';
```

按 Enter 键后，即可查询试管编码为“08801682822520”的采集点行政区划和检测机构，如图 15-37 所示。

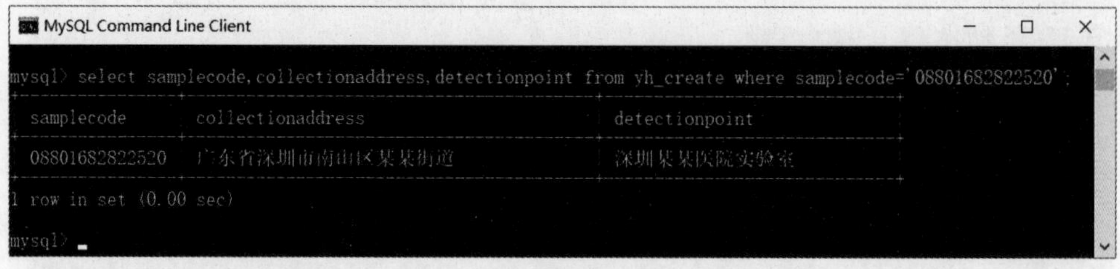

图 15-37

3. 查询身份证号码

如果管理员需要查询姓名为“林富荣”的受检人信息，则单击“林富荣”文本，即可显示该受检人的信息，如图 15-38 所示。

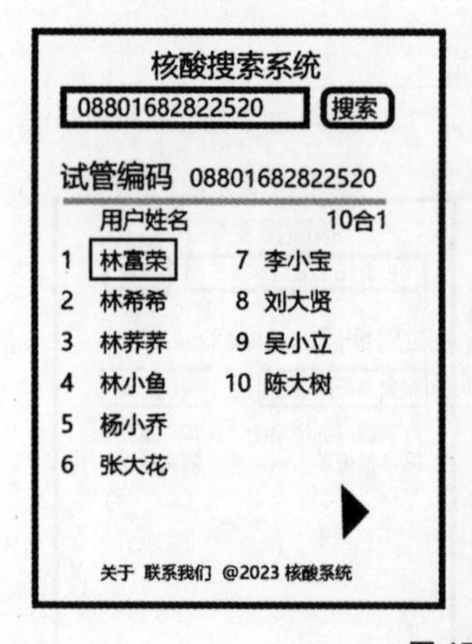

图 15-38

如果没有开发出可视化的搜索界面，则管理员需要进入 MySQL 命令模式，输入命令：

```
select yh_shiguan.samplecode,yh_shiguan.name1,hx_create.type,hx_create.typenumber from yh_shiguan,hx_create where yh_shiguan.name1=hx_create.name;
```

按 Enter 键后，即可查询林富荣的信息，如图 15-39 所示。

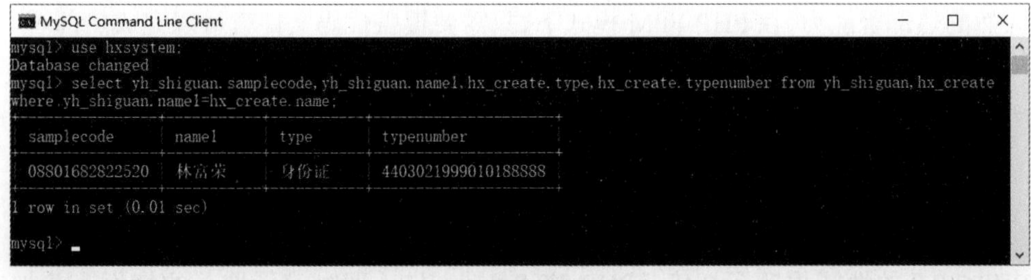

图 15-39

15.7 使用 PHP 程序调用数据库

15.7.1 什么是 PHP

PHP 是一种在服务器端执行的脚本语言，被广泛应用于 Web 开发。PHP 的语法借鉴了 C 语言，并吸纳了 Java 语言和 Perl 等多种语言的特色，发展出了自己的语法特色，并不断根据这些语言的优点进行改进和提升。PHP 支持面向对象和面向过程的开发，使用灵活方便。目前，大多数企业的程序、网站系统和 ERP 系统都采用 PHP 和 MySQL 进行开发。

PHP 有以下特点。

1. 开源免费

PHP 是一种开源脚本语言。PHP 常用的部署方式为 Linux + Nginx + MySQL + PHP。同时，PHP 也支持 Windows + AppServ + MySQL + PHP 等部署方式。其中，部分系统、软件和服务可能需要付费。由于 PHP 开源免费的特性，使用 PHP 进行开发可以降低成本，非常适合中小型企业使用。

2. 快捷高效

PHP 的内核是使用 C 语言编写的。PHP 允许使用 C 语言开发高性能的扩展组件。PHP 的核心库包含 1000 多个内置函数，功能丰富、全面。PHP 的数组支持动态扩容，可以使用数字、字符串或混合键名的关联数组，大大提升开发效率。PHP 是一种弱类型语言，代码编译通过率高，开发效率较高。此外，PHP 具有天然的热部署能力，在 PHP-FPM 模式下，只需要覆盖代码文件就可以完成热部署。PHP 经过 20 多年的发展，在互联网上有大量的参考资料，对初学者非常友好。

3. 性能提升

随着 PHP 的更新，其整体性能也在提升。根据官方介绍，相比于 PHP 5.6.0，PHP 7.0.0 的性能提升了 2 倍。PHP 8.0.0 引入 JIT（即时编译器）的特性，并加入多种新的功能，如命名参数、联合类型、注解、match 表达式、nullsafe 运算符，以及对错误处理和一致性进行改进。PHP 拥有自己的核心开发团队，保持每 5 年发布一个大版本、每个月发布两个小版本的频率。

4. 跨平台

每个平台都有相应的 PHP 解释器版本，可以编译出适用于不同平台的二进制码。因此，使用 PHP 开发的程序可以不经修改地在 Windows、Linux、Unix 等多种操作系统上运行。

5. 常驻内存

在 PHP-CLI 模式下，可以实现程序的常驻内存，各种变量和数据库连接可长期保存在内存中，从而实现资源复用。通常使用 Swoole 组件编写 CLI 框架。

6. 页面生命周期

在 PHP-FPM 模式下，所有变量（包括全局变量和静态变量）都是页面级的，页面执行完毕后会被清空。这对开发人员的要求较低，占用的内存也较少，特别适合中小型系统的搭建。

15.7.2 调用数据库

在文件夹 hxsystem 里创建一个 PHP 文件。

步骤 1 ▶▶ 如果要使用 PHP 程序调用数据库，则假设 PHP 文件的安装路径为“D:\Appserv\www\”，进入该路径，在空白区域单击鼠标右键，在弹出的菜单面板中选择“新建”→“文件夹”菜单命令，如图 15-40 所示。

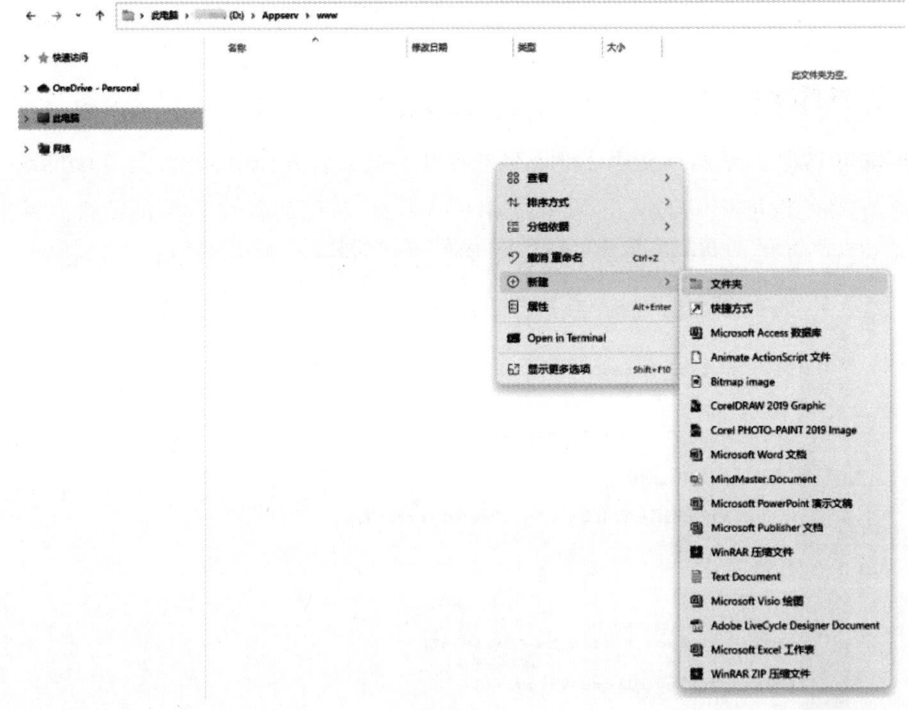

图 15-40

步骤 2 ▶▶ 将新创建的文件夹名称改为“hxsystem”，如图 15-41 所示。

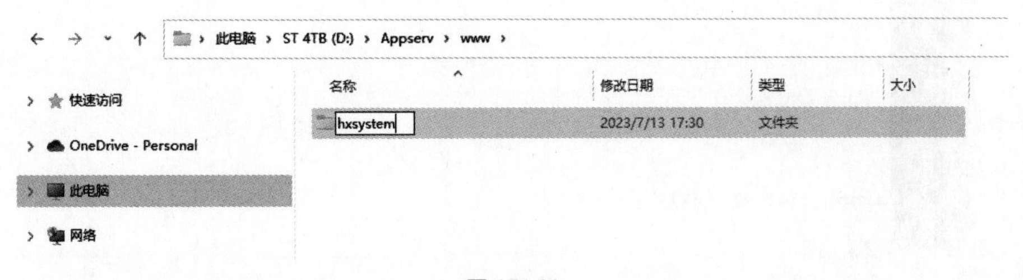

图 15-41

步骤 3 ▶▶ 双击 hxsystem 文件夹，即可进入该文件夹。在空白区域单击鼠标右键，在弹出的菜单面板中选择“新建”→“index.php”菜单命令，即可创建 PHP 文件，如图 15-42 所示。

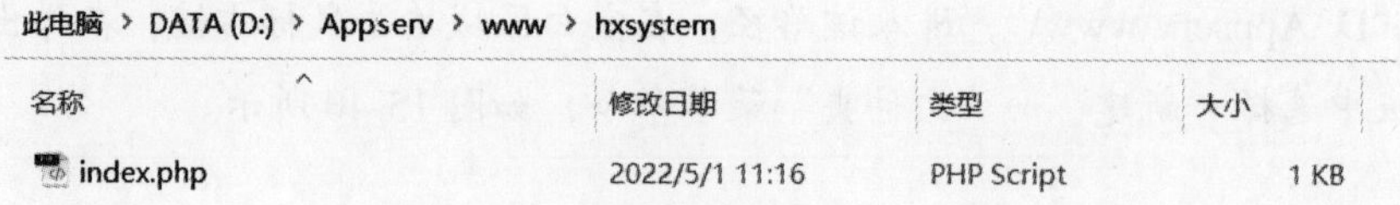

此电脑 > DATA (D:) > Appserv > www > hxsystem

名称	修改日期	类型	大小
index.php	2022/5/1 11:16	PHP Script	1 KB

图 15-42

步骤 4 ▶▶ 下载并启动 Dreamweaver 软件，在该软件中打开刚刚创建的 index.php 文件，并输入如图 15-43 所示的内容。

index.php ×

代码 拆分 设计 实时视图 标题:

无法搜索到动态相关文件，因为此文档没有站点定义。设置

```
<?php

$con = mysql_connect("localhost","root","123456");
                    //服务器ip   数据库账号   数据库密码

$select_db = mysql_select_db('hxsystem');
                    //数据库名
if (!$select_db) {

    die("无法连接数据库:\n" .  mysql_error());

}

//查询代码开始

$sql = "select * from hx_create\n";
                    //数据表名
$message = mysql_query($sql);

if (!$message) {

    die("无法获取信息:\n" . mysql_error());

}

while ($row = mysql_fetch_assoc($message)) {

    print_r($row);

}

//查询代码结束

//关闭数据库连接

mysql_close($con);

?>
```

图 15-43

步骤 5 ▶▶ 在浏览器的搜索框内输入“http://localhost/hxsystem/index.php”，按 Enter 键，即可运行 PHP 程序，并可利用该程序调用数据表 hx_create 的数据内容，如图 15-44 所示。

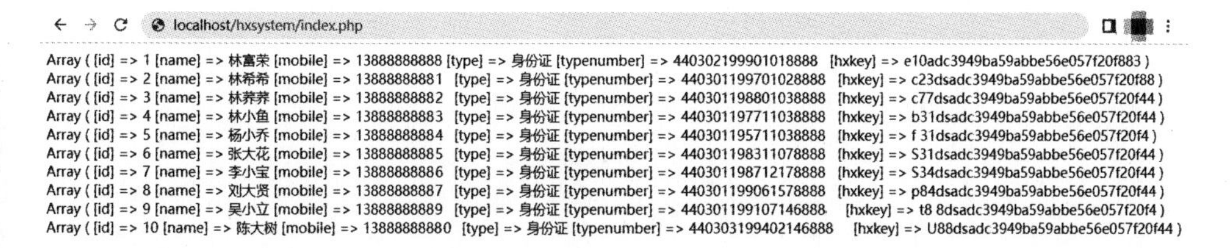

图 15-44

步骤 6 ▶▶ 验证 PHP 程序是否能正确调用数据表 hx_create 的内容。如图 15-45 所示，打开 phpMyAdmin 软件，在左侧的菜单面板中选择“hxsystem”→“hx_create”菜单命令，数据表 hx_create 的内容和 index.php 程序调用的数据内容一致，说明 PHP 程序可成功调用数据库。

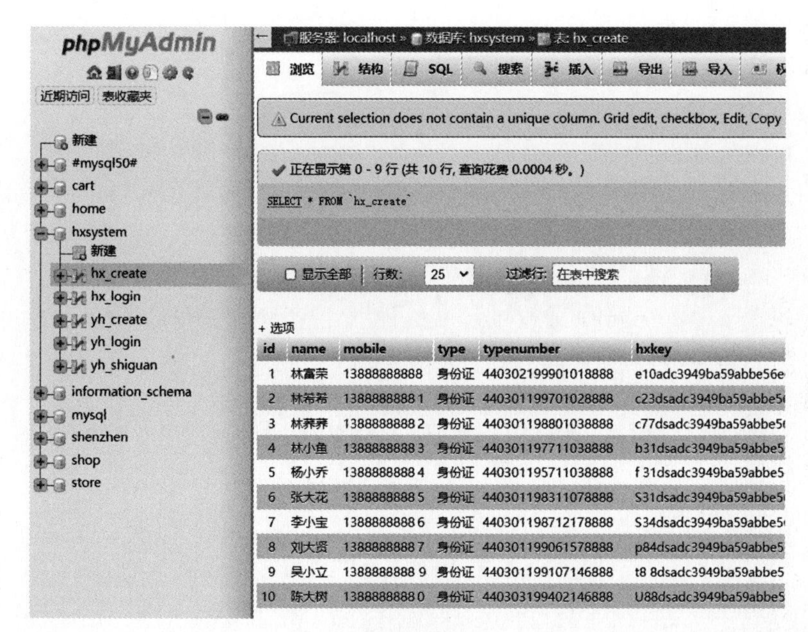

图 15-45